机器人应用工程师从入门到精通必读系列

机器视觉从入门到提高

杭州指南车机器人科技有限公司　组编
刘增龙　赵心杰　编著

机 械 工 业 出 版 社

机器视觉简单来理解就是一门用机器代替人眼做测量和判断的技术，在现代制造中应用广泛，如在产品定位、缺陷检测、尺寸测量、条码识别等方面均有应用。机器视觉是一门综合技术，包括数字图像处理、自动控制、光源照明、光学成像、传感器、机器人等知识。

本书由浅入深比较全面地介绍了机器视觉的相关知识，包括机器视觉基本知识、工业相机原理及选型、工业镜头特性及选型、光学基本知识及不同打光方案效果、机器视觉其他常用配件、数字图像处理知识及机器视觉算法平台软件 MVP 等内容。

本书既适合机器视觉相关专业的高校学生学习，也适合机器视觉相关工程技术人员参考学习。

图书在版编目（CIP）数据

机器视觉从入门到提高/杭州指南车机器人科技有限公司组编；刘增龙，赵心杰编著. —北京：机械工业出版社，2021.4（2025.2 重印）
（机器人应用工程师从入门到精通必读系列）
ISBN 978-7-111-67653-9

Ⅰ.①机… Ⅱ.①杭… ②刘… ③赵… Ⅲ.①计算机视觉 Ⅳ.①TP302.7

中国版本图书馆 CIP 数据核字（2021）第 037247 号

机械工业出版社（北京市百万庄大街 22 号 邮政编码 100037）
策划编辑：周国萍 责任编辑：周国萍 王 良
责任校对：王 欣 封面设计：马精明
责任印制：李 昂
北京捷迅佳彩印刷有限公司印刷
2025 年 2 月第 1 版第 5 次印刷
184mm×260mm · 9.25 印张 · 197 千字
标准书号：ISBN 978-7-111-67653-9
定价：69.00 元

电话服务
客服电话：010-88361066
010-88379833
010-68326294

网络服务
机 工 官 网：www.cmpbook.com
机 工 官 博：weibo.com/cmp1952
金 书 网：www.golden-book.com
机工教育服务网：www.cmpedu.com

前　言

2015 年，《中国制造 2025》发布，它是我国实施制造强国战略第一个十年的行动纲领，中国制造进入发展快车道。机器人、机器视觉等技术是当今自动化工厂的重要技术构成部分，“中国制造 2025”的实施离不开一大批高素质技术人员，因此，人才缺口的挑战愈发严峻。机器视觉的交叉性、综合性、实践性比较强，目前已出版的很多书籍有些是偏重于介绍数字图像处理，有些是关注机器人视觉应用算法层面的问题，这些书籍对新手学习机器视觉技术并不是很友好。基于此，作者编写了本书。本书围绕机器视觉技术，详细介绍了机器视觉基本知识与行业概况，工业相机、工业镜头及工业光源这三大图像采集硬件的原理、分类使用及选型知识，此外配套有算法平台 MVP 软件的使用，机器视觉与工业机器人和 PLC 的通信。本书可帮助读者比较全面地掌握机器视觉的应用方法，为机器视觉的高级应用打下基础。

本书在编写过程中得到了杭州指南车机器人科技有限公司各位领导和同事的大力支持，作者在此真诚的表示谢意。本书在 4.3 节中参考了光源厂商东莞乐视自动化科技有限公司的光源选型手册和部分打光案例，在此表示感谢。

由于作者水平有限，书中难免存在不足之处，欢迎各位读者批评指正。

赵心杰

目 录

第1章 机器视觉概述

2013年，在汉诺威工业博览会上，“工业4.0”的概念首次正式推出，“工业4.0”的核心目的是为了提高德国工业的竞争力，以便于德国制造业在新一轮工业革命中抢占先机。2015年，国务院发布的《中国制造2025》，成为我国实施制造强国战略第一个十年的行动纲领。同年，美国也提出了“工业互联网战略”，旨在加快工业互联网技术的应用，通过多种途径鼓励并实现产业创新。短时间内，全球几大主要制造大国提出的战略虽然各有不同，但核心目的都是为了促进本国制造业的发展，增强制造业的智能化水平。

对于我国来说，制造的智能化之路还很漫长，但制造的自动化却是我们当下能做的，也是在大力推进的。从工厂层面来看，有很多自动化的生产加工设备，比如数控机床、工业机器人，以及各种由PLC控制的非标自动化设备，仔细探究会发现，这些自动化设备更多是聚焦于加工自动化，但生产过程不仅仅是加工，也包含了大量的检测环节。作者曾在制造业工厂工作过，很多加工过程都已采用自动机床、工业机器人代替，这大大减轻了工人的劳动强度，但同时也发现一个比较尴尬的情况，在检验产线上，挤满了大量的质检品控人员，而他们的检测手段也相对比较落后，更多的是采用肉眼观察、尺规测量等传统手段。因此，检测自动化是生产中亟待解决的问题。

那么，如何实现自动化的检测？我们来分析某个质检人员的检测过程：质检人员拿起一件待检测的产品，通过肉眼观察发现了产品的一些细节特征，而在此之前，这名质检人员已经接受了质检标准的培训，通过与质检标准对比，这名质检人员判断并得出本件产品合格与否的结论，并将产品放到合格或者不合格的产品区。我们将这个检测过程抽象化，可以分成三个步骤：

1）通过眼睛观察，获取到待测产品的影像信息。

2）通过与质检标准对比分析，得出产品合格与否的结论。

3）针对产品合格与否的结论做出不同的结果执行。

我们现在设想一下，如何用机器代替人去实现以上三个步骤？解决方法是，通过图像采集设备获取到实际产品的影像信息来代替人眼实现观察；通过在控制器上运行软件对图像进行处理与分析，获得产品的合格与否结论来代替人的大脑对产品合格性的判断；通过机器人或其他设备针对前一步所获得的结论，做出不同的动作响应，来代替人的双手对于结果的执行。如果按此设想，大部分人工检测的工作，其实都可以由机器代替人工来实现，实际上，这一过程就是后续要介绍的机器视觉。

1.1 机器视觉的定义与应用领域

那么，如何定义机器视觉？

机器视觉是通过机器视觉产品（即图像摄取装置，有 CMOS 和 CCD 两类芯片）将被摄取目标转换成图像信号，传送给专用的图像处理系统，得到被摄取目标的形态信息，将这些形态信息根据像素分布和亮度、颜色等信息，转变成数字化信号；图像系统对这些信号进行各种运算来抽取目标的特征，进而根据判别的结果来控制现场的设备动作。

从这个定义中不难发现，机器视觉系统由三部分组成，其一为图像摄取装置，其二为图像处理系统，其三为现场执行设备。图 1-1 所示为机器视觉系统的工作过程。

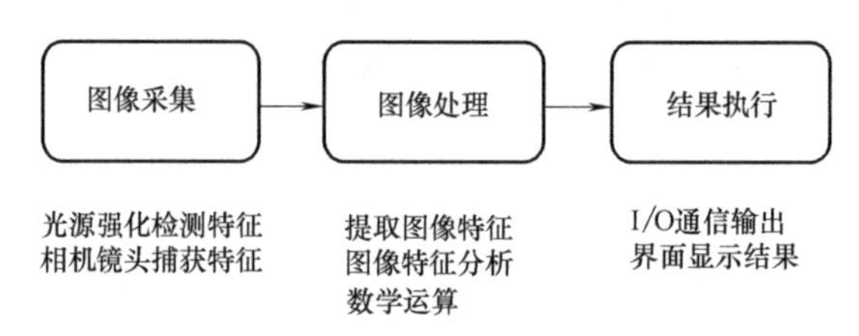

图 1-1 机器视觉系统的工作过程

机器视觉最早主要在 3C 行业应用。3C 产品更新换代快，要求生产效率高，而且对品质要求比较严苛。这一行业的特点促进了机器视觉在 3C 领域的大规模应用，这些应用包括 PCB 板定位测量、电路板焊点检测、元器件装配、芯片引脚检测、零件尺寸测量、产品二维码读取等。随着国内自动化水平的不断提高，工业界对机器视觉的需求越来越强烈，如今，机器视觉在各行各业都有一些应用，从图 1-2～图 1-7 中可以看出，机器视觉适用的领域非常广泛。

从这些应用场景中可以发现，机器视觉的应用主要集中为以下几类：

1）引导：主要用在产品定位，目标跟踪，位置反馈等。

2）检测：主要是有无、分类、外观缺陷等的检测。

3）测量：主要是尺寸及形状、位置公差的测量。

4）识别：主要是条形码、二维码及字符的识别。

在这些应用场景中，机器视觉明显体现了它的几大优点：

1）精度高：高分辨率相机，非接触式测量。

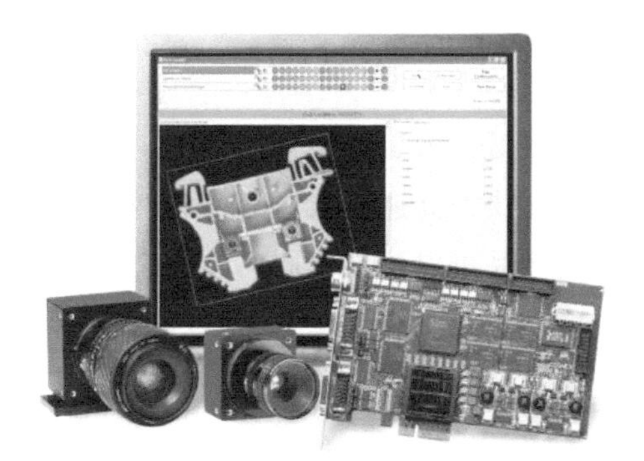

图 1-2　机器视觉在 3C 行业的应用

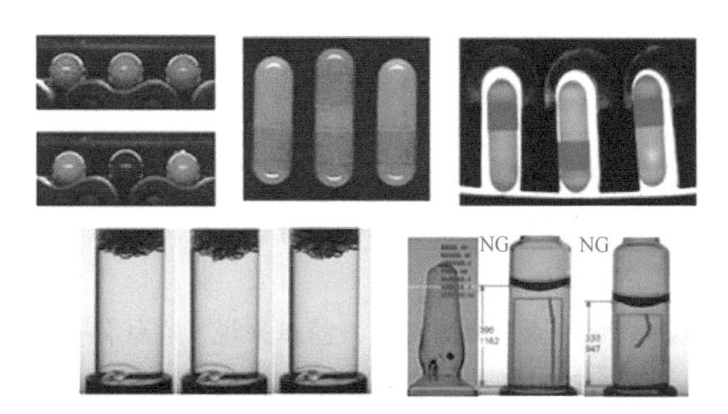

图 1-3　机器视觉在制药行业的应用

图 1-4　机器视觉在包装行业的应用

图 1-5　机器视觉在食品饮料行业的应用

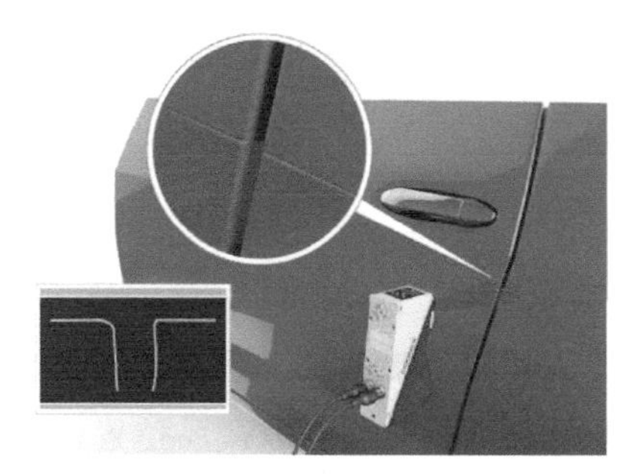

图 1-6　机器视觉在汽车行业的应用

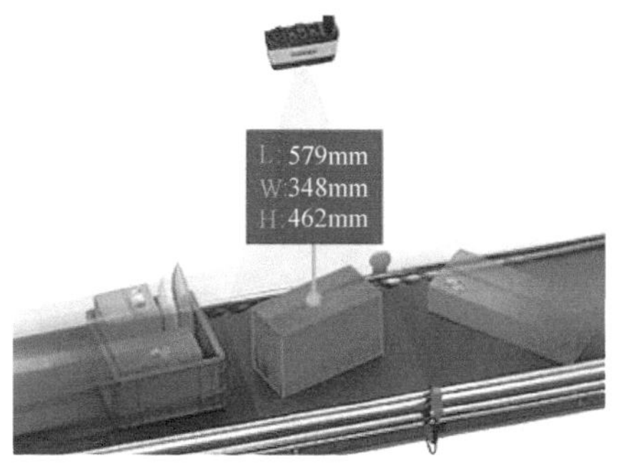

图 1-7　机器视觉在物流行业的应用

2）连续性：7×24h 工作制。

3）稳定性：严格执行测量标准。

4）性价比高：硬件成本降低，人工成本升高。

5）生产效率高：检测速度快，高速相机可达 1000 帧。

6）灵活性：不同的检测产品可以建立不同的检测文件。

1.2 机器视觉的应用与特点

1.2.1 机器视觉的应用场景

机器视觉在不同领域的应用场景主要包括以下几种：

1. 离线检测

离线检测一般是单工位上下料方式的检测工作台，如图 1-8 所示。这种检测台相对简单，是一种典型的尺寸或者缺陷检测的非标设备。

2. 在线检测

在线检测包括静态检测和动态检测两类，简单来说，在线停止的就是静态检测，在线不停止的就是动态检测。对于在线动态检测，要特别关注相机的曝光方式应该为全局曝光。需要注意的是，一般全局曝光相机要比逐行曝光相机价格贵一些。对于在线静态检测，对曝光方式不做特殊要求，若应用场景满足，从成本最优角度考虑，可以选择逐行曝光相机。图 1-9 所示为在线检测。

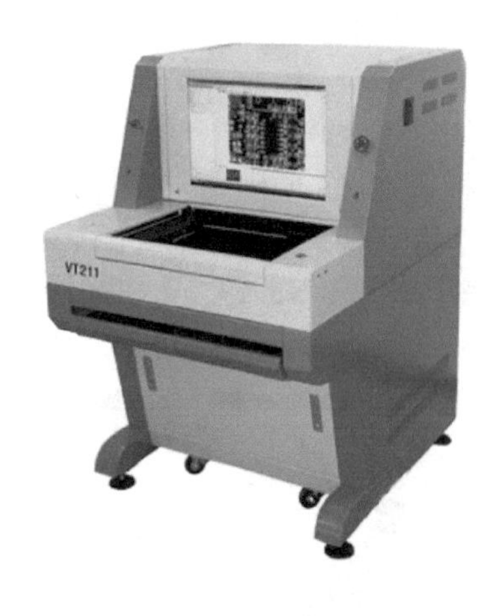

图 1-8 视觉检测台

图 1-9 在线检测

3. 机器人辅助定位

机器人辅助定位应用中主要是视觉系统和机器人构成手眼系统，视觉系统相当于眼睛，机器人是手的部分。这种应用场景下，视觉系统会通过拍照获取产品位置，在经过坐标系标定后，这个坐标位置就是准确的机器人坐标。视觉系统和机器人间存在通信，视觉系统将坐标值发给机器人，引导机器人完成抓取工作。图 1-10 所示为 SCARA 机器人配合视觉系统做定位应用。

图 1-10　机器人配合视觉系统做定位应用

4. 线扫描式检测

我们通常所用的手机、单反这种相机都是面阵式相机，即一次拍照可以拍到整张画面的。线扫描式相机应用相对偏少，这种相机拍照时每次只扫描一行图像，通过被摄物体和相机之间的相对移动，多次扫描后可以获得完整图像。线扫描式检测应用主要集中在一些特殊行业或特殊产品中。一般来说，连续性生产的产品，如纺织、造纸、印刷这种行业，产品多是卷在滚筒上，长度很长，可以通过线扫方式实时扫描，完成检测。另外，对一些回转体，如铣刀，我们需要检测刀槽宽度及缺陷情况，由于直接用面阵式拍照只能拍到半个圆柱面，但采用线扫方式拍照，可以将完整的圆柱面扫描后，展开为平面图形，在平面上检测，效果更好。图 1-11 所示为线扫描式检测应用工作过程。

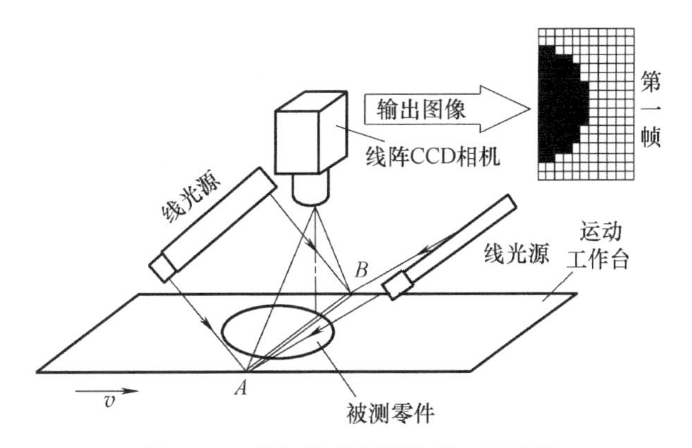

图 1-11　线扫描式检测应用工作过程

1.2.2　视觉系统的处理特点

机器视觉的处理特点如下：

1. 涉及技术领域广

机器视觉是一门比较综合的技术，所涉及的领域包括物理光学、应用光学、传感器、数字图像处理技术、机器人、机械工程、自动化控制等多项技术，比如机器视觉中比较重要的光照部分和镜头就包含很多物理光学和应用光学的知识，对光学知识有基本的了解，可以更好地完成打光。机器视觉要对图像进行处理和分析，从而获取特征信息，这部分涉及数字图像处理分析，它是一门很专业的学科，要求有良好的数学和编程基础。在机器视觉系统中，还包括结果的分析执行，一般用 PLC 或运动板卡等实现，所以，也要对运动控制有基本的了解。

2. 受环境干扰影响大

机器视觉涉及图像处理与分析，图像的变化会直接导致检测结果的变动，但在实际应用中，有很多影响图像的因素。对图像影响最大的是光照，光照有强弱、角度、颜色等区别，例如，如果项目中不采用机器光，那么随着一天中太阳光强弱和照射方向的变化，就会导致不同的图像效果。另外，如果系统中采用机器光，那么太阳光也是一种干扰的杂光。图 1-12、图 1-13 就是不同的光照效果。

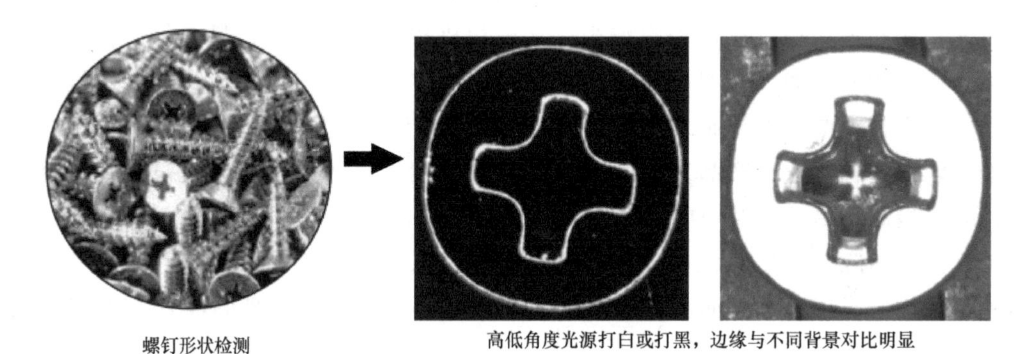

图 1-12　不同光照的效果

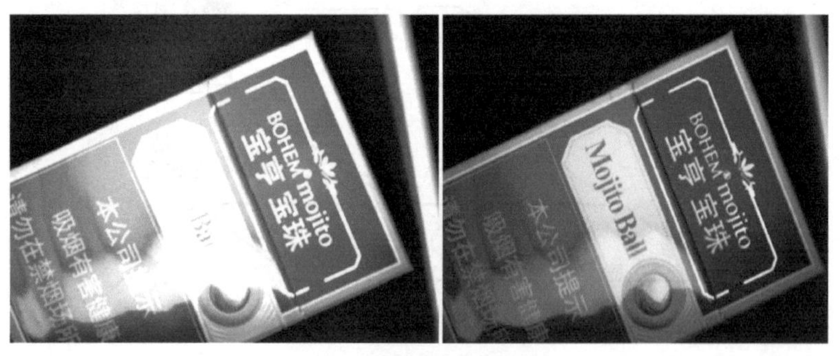

图 1-13　光照带来的反光

除了光照外，系统中的干扰物，如物体表面积灰、油污，环境中的废弃物、烟尘、水汽，都会给系统带来不确定效果。此外，振动、安装空间、温度，也会带来不同的影响。

3. 有优势和劣势领域

视觉系统的应用虽然带来了很多便利之处，但它不是万能的。

视觉系统在产品单一，检测内容单一，重复、烦琐的场合，能有效地发挥其高效率的作用，并且检测结果很稳定。此外，有一些人工不便检测的内容，如色差检测等，机器视觉会起到很好的作用。机器视觉也能代替人工完成一些危险的、不适宜人工的检测环境，比如高温、辐射等环境。

但是，机器视觉检测对随机不定的检测应用就不适合了，这里所说的随机包括产品的随机和检测标准的随机。同时，机器视觉检测要有量化的检测标准，有标准才能完成判断。另外，对机器视觉来说非常重要的一点，是要有适量的检测物体的样本，因为很多检测原理都是提取特征，并描述出合格与不合格的特征，如果没有适量的样本提取特征，很难给出稳定、合格的检测标准。

4. 存在漏检和误检

一般来说，检测系统都很难实现 100%的无错漏检测，只能说在一定的概率范围内保证检出率。

漏检和误检是一对矛盾。漏检是指不合格品被当成合格品检测通过；误检是合格品被当成不合格品检测为不良。检测越严格，误检越多，漏检越少；检测越宽松，误检越少，漏检越多。

即使存在漏检和误检，视觉系统的检测效率和准确性还是远远高于人工检测的。用户需要在检测效率和准确性上平衡。

5. 通过实验确定方案

视觉系统一个非常重要的特点是视觉技术方案多变，需要通过实验来确定方案。这一点和我们对其他领域的自动化的认识大有不同。在前面第 2 个特点中，我们说明了系统的干扰因素，正是由于这些干扰因素的存在，导致机器视觉项目的差异性很大。可以说，即使是经验非常丰富的视觉工程师，可能也要采用实验验证，才能确定一套比较可行、适用的方案，不同于其他领域的自动化，可以采用仿真、模拟等手段进行验证，视觉系统目前只有通过实验来模拟现场效果。PLC 控制系统和机器视觉系统的对比见表 1-1。

表 1-1　PLC 控制系统和机器视觉系统的对比

项目	PLC 控制系统	机器视觉系统
客户需求	外设清单，工艺描述	检测环境，现场环境，详细技术参数等
方案制订	根据清单、客户指定配置	通过实验确定技术方案
采购	根据初步设计指定采购清单	实验借用、实验采购、项目采购
软件编制	根据工具工艺流程图编制	不同的方案不同的算法，确定方案之前就已经开始了部分方案的验证设计
现场调试	根据设备运转情况调试	根据生产的情况和环境的变化进行调试

1.2.3 机器视觉与人眼视觉的类比

机器视觉是对人眼视觉的模拟，两者之间有很多的结构相似性，也有很多区别。人眼视觉与机器视觉结构的对比见表 1-2。

表 1-2 人眼视觉与机器视觉结构的对比

人类视觉	机器视觉
瞳孔	光圈
晶状体	镜头
睫状肌	对焦、调教机械结构
视网膜	CCD/CMOS 传感器
大脑	软件

人类视觉是一个眼球与大脑高等思维相互配合的复杂过程，不仅包含精密的生理学机制，也包括复杂的高等思维过程，所以，人眼视觉在大部分领域都远远优秀于机器视觉。当然，这并不是说机器视觉没有特殊之处，从表 1-3 中也可以看出两者功能的区别。

表 1-3 人眼视觉与机器视觉功能的对比

项目	人眼视觉	机器视觉
适应性	适应性强，可在复杂及变化的环境中识别目标	适应性差，容易受复杂背景及环境变化的影响
智能	具有高级智能，可运用逻辑分析及推理能力识别变化的目标，并能总结规律	虽然可利用人工智能及神经网络技术，但智能很差，不能很好地识别变化的目标
彩色识别能力	对色彩的分辨能力强，但容易受人的心理影响，不能量化	受硬件条件的制约，目前一般的图像采集系统对色彩的分辨能力差，但具有可量化的优点
灰度分辨力	差，一般只能分辨 64 个灰度级	强，目前一般使用 256 灰度级，采集系统可具有 10bit、12bit、16bit 等灰度级
空间分辨力	分辨力较差，不能观看微小的目标	目前有 4K×4K 的面阵摄像机和 8K 的线阵摄像机，通过备置各种光学镜头，可以观测小到微米大到天体的目标
速度	0.1s 的视觉暂留使人眼无法看清较快速运动的目标	快门时间可达到 10μs 左右，高速相机帧率可达到 1000 以上，处理器的速度越来越快
感光范围	400~750nm 范围的可见光	从紫外到红外的较宽光谱范围，另外有 X 光等特殊摄像机
环境要求	对环境温度、湿度的适应性差，另外有许多场合对人有损害	对环境适应性强，另外可加防护装置
观测精度	精度低，无法量化	精度高，可到微米级，易量化
其他	结果有主观性，受心理影响，易疲劳	结果客观，可连续工作

1.2.4 图像好坏的描述标准

在艺术摄影领域，图片的好坏自有一套美学的描述标准。同样，在机器视觉成像领域，也会有图片的好坏描述标准，从图 1-14 可以看出这两组图片的区别。

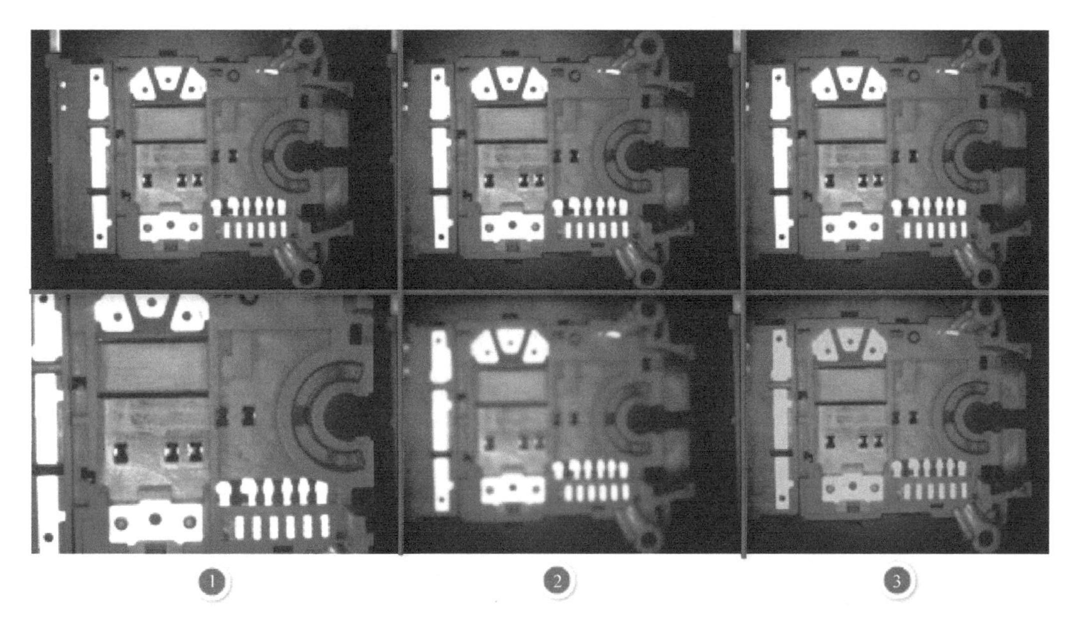

图 1-14 图像好坏对比

从图 1-14 中图像对比可以看出，在第一组图像中，上图特征可以完全显示出来，但在下图中，部分特征无法完全显示；在第二组图像中，上图对焦比较好，但在下图中，图像比较模糊，图像细节显示不清晰；在第三组图像中，上图待测特征非常凸显，但在下图中，待测特征的灰度和背景很相近，并没有比较明显的灰度差。从这几组图片中，我们得出了关于图像好坏标准的几点准则。

1. 对比强烈

在一张图像中，如果特征相比背景有很强的对比度，那么在视觉软件中，这些特征就很容易被识别到，并且识别效果相对稳定。在工程应用中，提高图像对比度可以通过合适的打光实现，比如对轮廓检测，打背光就会有比较好的对比度效果，此外，有时也可以通过图像处理来实现图像对比度增强，比如图像二值法运算。

2. 特征完整

图像特征完整要求在对特征成像时要选择合适的视野（Field of View，FOV）。视野不能太大，一般来说，视野越大，图像精度越低，当然，视野也不能过小，否则会漏掉局部关键特征。视野主要与三点因素相关，即镜头焦距、工作距离和相机芯片尺寸，如图 1-15 所示（芯片尺寸这里未体现出来）。

3. 边缘锐利

边缘锐利是图像好坏标准中比较重要的一个要素。如图 1-16 所示，在图中左部分，

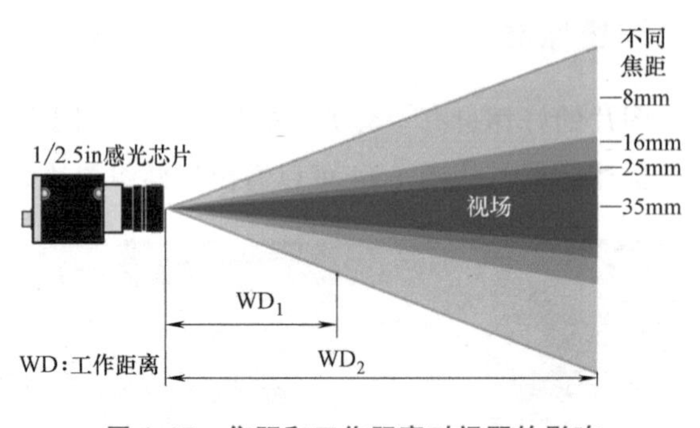

图 1-15　焦距和工作距离对视野的影响

1in = 0.0254m

图像黑白过渡仅需一个像素就完成图像由黑到白的变化，这样就可以准确确定出图像边界所在的位置；在图中右部分，图像由黑到白过渡，经历了五个像素的变化，这就会导致在确定图像边界时可能产生五个像素的误差，假设一个像素的尺寸为 0.1mm，这就意味着可能会有 0.5mm 的测量误差。在具体项目应用中，可以选择特殊的远心镜头配合平行光使用，以提高图像边缘锐利程度。

图 1-16　图像边缘的锐利程度

4. 颜色真实

图像颜色的真实性要求主要是针对彩色图像。在后续章节中，我们会学习黑白相机和彩色相机的成像原理，我们通常所用的彩色相机都是拜尔滤光片式相机，这种相机从成像原理上讲，必然会有颜色失真问题。在一般领域里，对颜色识别要求没那么严格时，拜尔滤光片式相机是可用的，但在特殊领域，如生理学、医学领域，对颜色要求是比较严格的。

1.3　机器视觉的发展历程与趋势

20 世纪 50 年代开始研究二维图像的统计模式识别。

20 世纪 60 年代 Roberts 开始进行三维机器视觉的研究。

20 世纪 70 年代中，MIT 人工智能实验室正式开设“机器视觉”的课程。

20 世纪 80 年代，开始了全球性的研究热潮，机器视觉获得了蓬勃发展，新概念、新理论不断涌现。

在我国，初级阶段为 1990—1998 年，期间真正的机器视觉系统市场销售额微乎其微。主要的国际机器视觉厂商还没有进入我国市场。1990 年以前，仅仅在大学和研究所中有一些研究图像处理和模式识别的实验室。20 世纪 90 年代初，一些来自研究机构的工程师成立了他们自己的视觉公司，开发了第一代图像处理产品，人们能够做一些基本的图像处理和分析工作。尽管这些公司用视觉技术成功地解决了一些实际问题，例如多媒体处理、印刷品表面检测、车牌识别等，但由于产品本身软硬件方面的功能和可靠性还不够好，限制了他们在工业应用中的发展潜力。另外，一个重要的因素是市场需求不大，工业界的很多工程师对机器视觉没有概念，另外很多企业也没有认识到质量控制的重要性。

第二阶段是 1998—2002 年，定义为机器视觉概念引入期。自从 1998 年起，越来越多的电子和半导体工厂，包括我国香港和我国台湾投资的工厂，落户广东和上海。带有机器视觉的整套生产线和高级设备被引入。随着这股潮流，一些厂商和制造商开始希望发展自己的视觉检测设备，这是真正的机器视觉市场需求的开始。设备制造商或 OEM 厂商需要更多来自外部的技术开发支持和产品选型指导，一些自动化公司抓住了这个机遇，走了不同于上面提到的图像公司的发展道路——做国际机器视觉供应商的代理商和系统集成商。他们从美国和日本引入最先进的成熟产品，给终端用户提供专业培训咨询服务，有时也和他们的商业伙伴一起开发整套的视觉检测设备。

经过长期市场开拓和培育，不仅在半导体和电子行业，而且在汽车、食品、饮料、包装等行业中，一些顶级厂商开始认识到机器视觉对提升产品品质的重要作用。在此阶段，许多著名视觉设备供应商，如 Cognex、Basler、Data Translation、TEO、SONY 开始接触我国市场，寻求本地合作伙伴，但符合要求的本地合作伙伴寥若晨星。

第三阶段从 2002 年至今，称为机器视觉发展期，从下面几点可以看到我国机器视觉的快速增长趋势：

1）在各个行业，越来越多的客户开始寻求视觉检测方案，机器视觉可以解决精确的测量问题和更好地提高他们的产品质量，一些客户甚至建立了自己的视觉部门。

2）越来越多的本地公司开始在他们的业务中引入机器视觉，一些是普通工控产品代理商，一些是自动化系统集成商，一些是新的视觉公司。虽然他们绝大多数尚没有充分的回报，但都一致认为机器视觉市场潜力很大。资深视觉工程师和实际项目经验的缺乏是他们面临的最主要的问题。

3）一些有几年实际经验的公司逐渐给自己定位，以便更好地发展机器视觉业务。他们或者继续提高采集卡、图像软件开发能力，或者试图成为提供工业现场方案或视觉检查设备的领袖厂商。单纯的代理仍然是他们业务的一部分，但他们已经开始开发自己的技术或者诀窍。

4）经过几年寻找代理的过程，许多跨国公司开始在我国建立自己的分支机构。通常他们在北京、上海、广州、深圳等建立分支机构，来管理关键的客户以及向合作伙伴提供技术和商务支持。

在传统的二维机器视觉技术发展的基础上，机器视觉也出现了一些新的技术趋势，作者认为以下两点趋势将引领下一阶段技术的发展。

1. 3D 视觉

由于 2D 视觉无法获得物体的空间坐标信息，所以不支持与形状相关的测量，如物体平面度、表面角度、体积或者区分相同颜色的物体之类的特征或者在具有接触侧的物体位置之间进行区分，而且用 2D 视觉测量物体的对比度，这意味着特别依赖于光照和颜色或者灰度变化，测量精度易受照明条件变量的影响。

3D 视觉可以获得物体的三维信息，从而完成平面度、角度、体积等测量。此外，在传统二维中，一些无对比度但有深度区别的检测场景，都可以用 3D 视觉完成检测。目前工业中，3D 视觉主要由以下几种技术实现。

(1) 双目视觉技术　双目视觉技术是目前应用较为广泛的 3D 视觉系统，它的原理就像我们人的两只眼睛，用两个视点观察同一景物，以获取在不同视角下的感知图像，然后通过三角测量原理计算图像的视差，来获取景物的三维信息。由于双目技术原理简单，不需要使用特殊的发射器和接收器，只需要在自然光照下就能获得三维信息，所以双目技术具有系统结构简单、实现灵活和成本低的优点，适合于制造现场的在线产品检测和质量控制。不过，双目技术的劣势是算法复杂，计算量大，光照较暗或者过度曝光的情况下效果差。图 1-17 所示为双目视觉原理。

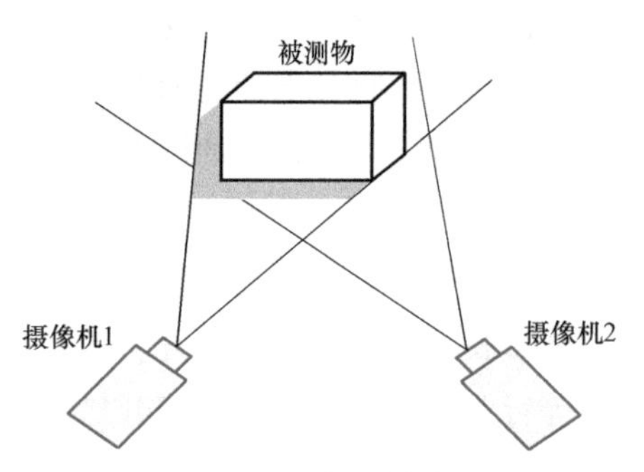

图 1-17　双目视觉技术原理

(2) TOF（飞行时间法成像）技术　TOF 是 Time Of Flight 的简写，它的原理是通过给目标物连续发送光脉冲，然后用传感器接收从物体返回的光，通过探测光脉冲的飞行时间来得到目标物距离。TOF 技术的核心部件是光源和感光接收模块，由于 TOF 技术是根据公式直接输出深度信息，不需要用类似双目视觉的算法来计算，所以具有响应快、软件简单、识别距离远的特点。而且，由于不需要进行灰度图像的获取与分析，因此不受外界光照及物体表面性质的影响。TOF 技术的缺点是分辨率低，不能精密成像且成本高。图 1-18 所示为 TOF 相机原理。

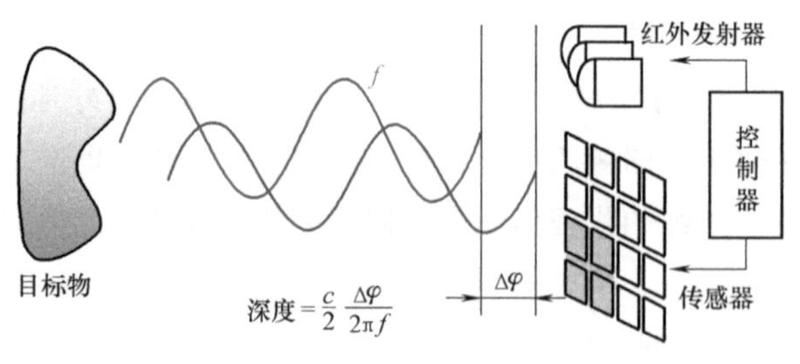

图 1-18　TOF 相机原理

(3) 结构光技术　结构光技术通过一个光源投射出一束结构光，这束结构光不是普通的光，而是具备一定结构（比如黑白相间）的光线打到想要测量的物体上表面。因为物体的不同的形状，会对这样的一些条纹或斑点导致不同的变形，有这样的变形之后通过算法就可以计算出距离、形状、尺寸等信息，从而获得物体的三维图像。由于 3D 结构光技术既不需要用很精准的时间延时来测量，又解决了双目中匹配算法的复杂度和鲁棒性问题，所以具有计算简单、测量精度较高的优势，而且对于弱光环境、无明显纹理和形状变化的表面同样可进行精密测量，所以越来越多的 3D 视觉高端应用采用结构光技术。图 1-19 所示为结构光技术原理。

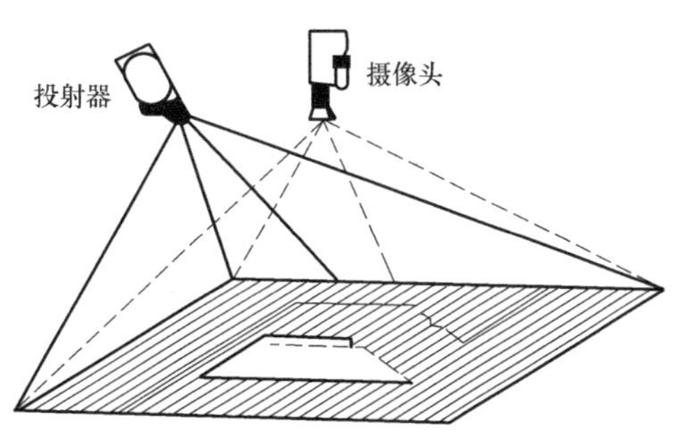

图 1-19 结构光技术原理

(4) 激光三角测量法 激光三角测量法基于光学三角原理，根据光源、物体和检测器三者之间的几何成像关系来确定空间物体各点的三维坐标。通常用激光作为光源，用 CCD 相机作为检测器，具有结构光技术 3D 视觉的优点，精准、快速、成本低。不过，由于根据三角原理，被测物体越远，在 CCD 上的位置差别越小，所以激光三角测量法在近距离下的精度很高，但是随着距离越来越远，其测量的精度会越来越差。图 1-20 所示为激光三角测量法原理。

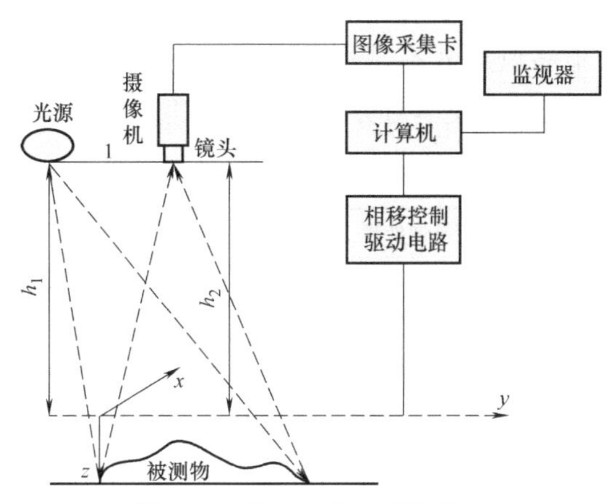

图 1-20 激光三角测量法原理

这四种 3D 视觉技术的优缺点，我们进行了简单总结对比，具体见表 1-4。

表 1-4 几种 3D 视觉技术的对比

对比项目	双目视觉技术	结构光技术	TOF 技术	激光三角测量法
原理	双摄像头	投影条纹，斑点编码	红外光反射时间差	光学三角原理
弱光环境	弱	良好(依赖光源)	良好(不依赖外界光源)	良好(依赖光源)
强光环境	良好	弱	一般	弱
深度精度	高	一般	低	一般
分辨率	良好	良好	一般	良好

（续）

对比项目	双目视觉技术	结构光技术	TOF 技术	激光三角测量法
响应时间	一般	慢	快	快
识别距离	与双摄像头距离有关	短（5m 以内）	一般（10m 以内）	短
软件要求	高	一般	一般	高
成本	高	高	一般	一般
功耗	低	一般	低	一般
缺点	低光环境差	易受光源影响	平面分辨率差	易受光源影响

2. 深度学习技术

在工业检测领域，常常面临这样的问题，产品的缺陷类别千变万化，要识别的字符各式各样。在传统的视觉算法中，更多的是提取图像特征，总结缺陷的特点，用某些参数来描述特征。但在当今越来越复杂的应用场景中，传统的视觉识别算法越来越难以解决这些差异性，并且在识别准确度和识别效率上也有很大的问题。在面对这类需求时，深度学习技术和机器视觉相结合，很好地解决了这个问题。

深度学习是学习样本数据的内在规律和表示层次，在这些学习过程中获得的信息对诸如文字、图像和声音等数据的解释有很大的帮助，它的最终目标是让机器能够像人一样具有分析学习能力，能够识别文字、图像和声音等数据。

表 1-5 是传统图像处理与深度学习方式处理的对比。

表 1-5　传统图像处理与深度学习方式处理的对比

	传统图像处理	深度学习
典型应用	尺寸测量 条码/二维码读取 有/无检测 机器人引导 印刷检测 汽车、电子	表面检测（裂纹、划痕） 食品、植物、木材检测 织物检测 医疗成像 农业
典型特征	对目标有严格要求 方向固定 客户提供容差范围内的正确规格 可靠性高	目标可变 方向可变 客户提供模糊的规格 可靠性稍差

第2章　工业相机

工业相机是机器视觉系统中的一个关键组件，其最本质的功能就是将光信号转变成有序的电信号。选择合适的相机是机器视觉系统设计中的重要环节，相机的选择不仅直接决定所采集到的图像分辨率、图像质量等，同时也与整个系统的运行模式直接相关。图 2-1 所示是典型工业相机。

图 2-1　工业相机

在进行相机选择时，经常会有工程人员提出，能不能用民用相机代替工业相机，一般来说，这种代替是不可行的。关于工业相机和民用相机的区别主要表现为如下几点：

1）工业相机的性能稳定可靠，易于安装，相机结构紧凑、结实不易损坏，连续工作时间长，可在较差的环境下使用，一般的民用数码相机是做不到这些的。例如：让民用数码相机一天工作 24h 或连续工作几天很有可能发生损坏。

2）工业相机的快门时间非常短，可以抓拍高速运动的物体。例如，把名片贴在电风扇扇叶上，以最大速度旋转，设置合适的快门时间，用工业相机抓拍一张图像，仍能够清晰辨别名片上的字体。用民用相机来抓拍，是不可能达到同样效果的。

3）工业相机的图像传感器是逐行扫描的，而民用相机的图像传感器是隔行扫描的，逐行扫描的图像传感器生产工艺比较复杂，成品率低，出货量少，世界上只有少数公司能够提供这类产品，例如 Dalsa、SONY，而且价格昂贵。

4）工业相机的帧率远远高于民用相机。工业相机每秒可以拍摄十幅到几百幅图片，而民用相机只能拍摄2~3幅图像，相差较大。

5）工业相机输出的是裸数据，其光谱范围也往往比较宽，比较适合进行高质量的图像处理算法。而民用相机拍摄的图片，其光谱范围只适合人眼视觉，并且经过了压缩，图像质量较差，不利于分析处理。

6）工业相机相对民用相机来说价格较贵。

2.1 工业相机的常见分类

工业相机按照不同的标准有诸多分类，了解工业相机的分类，有利于工程人员更好地选择和使用相机，下面是工业相机比较常见的几种分类方式：

1. 按成像色彩划分

按成像色彩可分为彩色相机和黑白相机。黑白相机是工业里常用的相机，黑白相机对图像还原度高，能真实呈现图像细节，如图2-2所示。彩色相机有RGB格式（3CCD彩色相机）和Bayer格式（单CCD彩色相机）等，相对来说，在工业应用中，除非需要颜色识别，一般不使用彩色相机。彩色相机中的Bayer相机由于设计原理所限，在成像时不可避免地会造成颜色失真问题，此外，由于很多图像处理算法都是针对黑白图像的，所以有的时候可能还需要做彩色向黑白转化的工作。

图2-2　彩色相机与黑白相机的对比

2. 按信号类型分

按信号类型可分为模拟相机和数字相机。模拟相机所输出的信号形式为标准的模拟量视频信号，需要配专用的图像采集卡，如图2-3所示，才能转化为计算机可以处理的数字信息。模拟摄像机一般用于电视摄像和监控领域，具有通用性好、成本低的特点，但一般分辨率较低、采集速度慢，而且在图像传输中容易受到噪声干扰，导致图像质量下降，所以只能用于对图像质量要求不高的机器视觉系统。数字摄像机在内部集成了A/D转换电路，可以直接将模拟量的图像信号转化为数字信息，不仅有效避免了图像传输中的干扰问题，而且由于摆脱了标准视频信号格式的制约，对外的信号输出使用更加高速和灵活的数字信号传输协议，可以做成各种分辨率的图像，出现了目前数字摄像机百花齐放的形势。

图 2-3　图像采集卡

3. 按芯片类型分

按芯片类型可分为 CCD 相机和 CMOS 相机。CCD 芯片是指“电荷耦合器件”，是一种用电荷量表示信号大小，用耦合方式传输信号的探测元件，在相机技术中应用广泛。CMOS 芯片称为“互补金属氧化物半导体”，CMOS 实际上只是将晶体管放在硅块上的技术，没有更多的含义。简单来说，可以认为 CCD 相机拍照质量好，但成本高；CMOS 相机拍照速度快，价格便宜，但拍照质量稍差。图 2-4 所示是这两种芯片的示意图。关于这两点将在后续章节继续探讨。

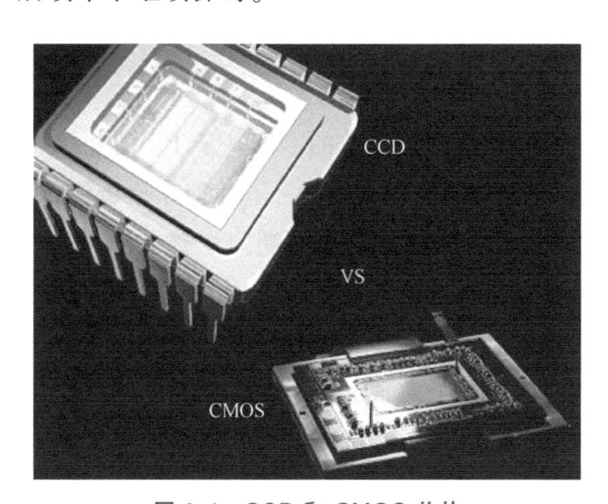

图 2-4　CCD 和 CMOS 芯片

4. 按扫描方式分

按扫描方式可分为行扫描（线阵相机）和面扫描（面阵相机）两种方式。线扫相机是一种比较特殊的相机，其像元是一维线状排列的，即只有一行像元，每次只能采集一行的图像数据，只有当摄像机与被摄物体在纵向相对运动时才能得到人们平常看到的二维图像。所以在机器视觉系统中一般用于被测物连续运动的场合或者回转面的物体，尤其适合运动速度较快、分辨率要求较高的情况。面阵相机就是人们平时日常生活中所见的手机、数码相机这类的相机，像元行列都有分布，一次采集整幅图像。如图 2-5、

图 2-6 所示分别是面阵方式和线阵方式的拍摄效果。

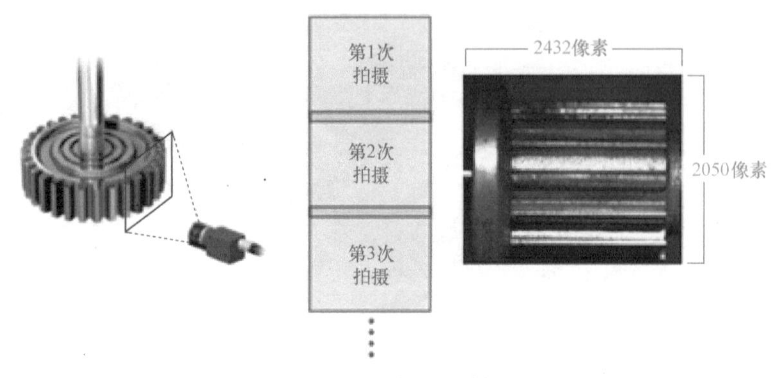

图 2-5　面阵方式拍摄

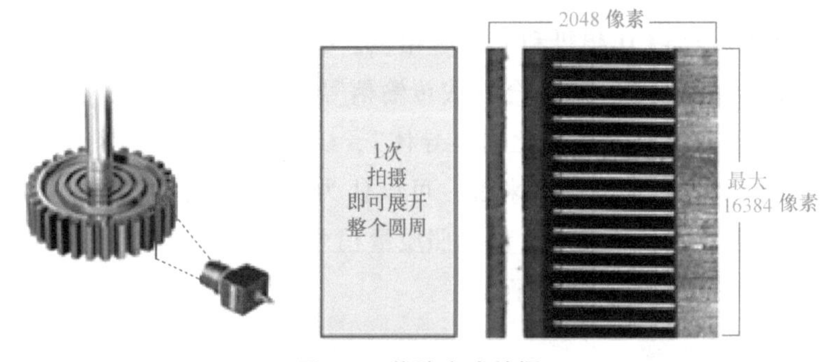

图 2-6　线阵方式拍摄

以上各种分类所讨论的相机都是传统的，即基于 PC 的相机，这种视觉系统由相机和 PC 组成，相机是用来获取图像的，PC 是为了处理和分析图像。但随着技术的发展，尺寸越来越小的 PC 逐渐进入大众视野。在此期间，整个行业见证了单板机（SPC）的面世，即一种建立在单块电路板上的计算机。与此同时，相机电子元件也变得更精巧，成功生产出了更小巧的相机产品。为了不断追求更极致的集成度，现在市场上还提供不带外壳的小型相机，方便用户轻松集成到精巧的系统中。

得益于体积变小的 PC 和相机，我们将这两种技术结合，为新应用设计出更为精巧的相机视觉系统，这些系统就是嵌入式（视觉）系统，也可以叫智能相机。

智能相机并不是一台简单的相机，而是一种高度集成化的微小型机器视觉系统。它将图像的采集、处理与通信功能集成于单一相机内，从而提供了具有多功能、模块化、高可靠性、易于实现的机器视觉解决方案。同时，由于应用了最新的 DSP（Digital Singnal Processor）、FPGA（Field Programmable Gate Array）及大容量存储技术，其智能化程度不断提高，可满足多种机器视觉的应用需求。

智能相机一般由图像采集单元、图像处理单元、图像处理软件、网络通信装置等构成，各部分的功能如下：

1）图像采集单元：在智能相机中，图像采集单元相当于普通意义上的 CCD/CMOS

相机和图像采集卡。它将光学图像转换为模拟/数字图像，并输出至图像处理单元。

2）图像处理单元：图像处理单元类似于图像采集卡、处理卡。它可对图像采集单元输出的图像数据进行实时的存储，并在图像处理软件的支持下进行图像处理。

3）图像处理软件：图像处理软件主要在图像处理单元硬件环境的支持下，完成图像处理功能。如几何边缘的提取、Blob（斑点）、灰度直方图、OCR/OCV（光学字符识别/验证）、简单的定位和搜索等。在智能相机中，以上算法都封装成固定的模块，用户可直接应用而无须编程。

4）网络通信装置：网络通信装置是智能相机的重要组成部分，主要完成控制信息、图像数据的通信任务。智能相机一般均内置以太网通信装置，并支持多种标准网络和总线协议，从而使多台智能相机能构成更大的机器视觉系统。

智能相机与基于 PC 的视觉系统比较，在功能和技术上差别主要有：

1. 体积

智能相机的体积轻巧，易于安装在生产线和各种设备上，便于装卸和移动，而基于 PC 的视觉系统一般由光源、CCD 或 CMOS 相机、图像采集卡、图像处理软件、仪器和 PC 构成，结构较复杂，体积相对大。

2. 硬件

智能相机集成了图像采集单元、图像处理单元、图像处理软件、网络通信装置等，经过专业人员进行可靠性设计，其效率及稳定性都较高，同时，由于其硬件电路均已固定，缺少了灵活性。基于 PC 的视觉系统主要由相机、采集/处理卡及 PC 构成。由于用户可根据需求选择不同类型的产品，因此，设计灵活性较大。但当产品来自于不同的生产厂家时，这种设计的灵活性可能会带来部件之间不兼容或可靠性下降。

3. 软件

智能相机是一种比较通用的机器视觉产品，主要解决的是工业领域的常规检测和识别应用，其软件功能具有一定的通用性。由于智能相机已固化了成熟的机器视觉算法，用户无须编程，就可实现有/无判断、表面缺陷检测、尺寸测量、边缘提取、Blob、灰度直方图、OCR/OCV、条码阅读等功能。基于 PC 的视觉系统的软件一般完全或部分由用户直接开发，用户可针对特定应用开发适合自己的专用算法。但由于用户的软件研发水平及硬件支持的不同，导致由不同用户开发的同一种应用系统的差异较大。

对于一款智能相机来说，并不意味着集成的配件越多性能就越突出。因为机器视觉应用有其特殊性，对系统的灵活性要求很高。由于智能相机具有体积小、功能多、方便易用等特点，在多个领域具有广阔的应用前景。

2.2 CCD 芯片和 CMOS 芯片的区别

相机在拍照成像时会经历图 2-7 所示过程。

其中 CCD 芯片或 CMOS 芯片是工业相机的核心部件，CCD（电荷耦合器件）芯片

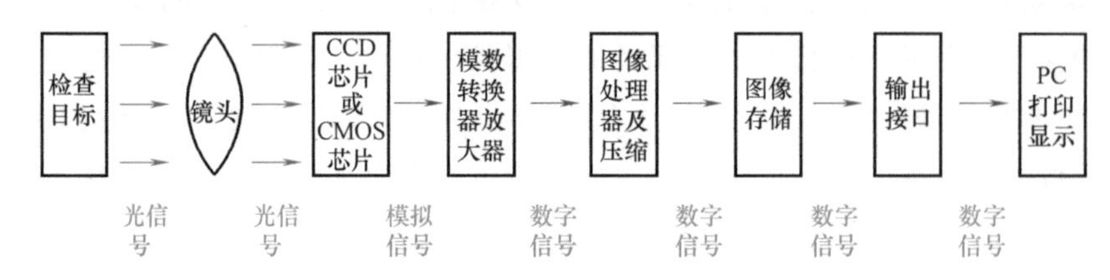

图 2-7 相机工作过程

和 CMOS（互补金属氧化物半导体）芯片都是将光线（光子）转换成电子信号（电子），这两种芯片的主要差异在于其底层技术设置。

在 CCD 芯片中，光敏像素的电荷发生移位并被转化为信号，像素电荷产生于对半导体的曝光，在许多非常小的移位操作（垂直和水平移位寄存器）的支持下（类似于“斗链”），电荷被传输到中央模数转换器，由芯片中的电极所产生的电场推动电荷的传输。

在 CMOS 芯片中，平行于每个像素放置了存储电荷的电容。当每个像素曝光时，这个电容器被光电电流充电，电容器中产生的电压与亮度和曝光时间成正比。不同于 CCD，因芯片曝光而由电容捕获的电子不会移位到单个输出放大器，而是会通过每个像素自己的关联电子电路直接转化为可测量的电压。然后，这个电压可用于模拟信号处理器，并最终成为图像信号。通过使用每个像素额外的电子电路，每个像素都可以被定位，而无须 CCD 中的电荷移位，图 2-8 所示是两种芯片的对比。由此，CMOS 芯片对图像信息的读取速度远远高于 CCD 芯片，且因光晕和拖尾等过度曝光而产生的非自然现象的发生频率要低得多，也可能根本不会发生。CMOS 芯片缺点是为每个像素电子电路所提供的额外空间不会作为光敏区域，由此，芯片表面上的光敏区域部分（定义为填充因子）小于 CCD 芯片。从理论上讲，由于这个原因，可以收集的图像信息光子数会有所减少，不过，工业应用中有方法削减这一劣势。

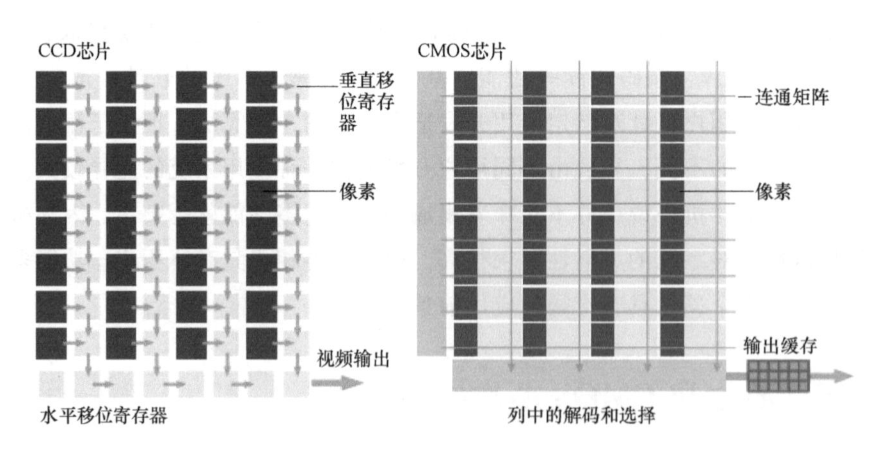

图 2-8 CCD 芯片和 CMOS 芯片的设计

在 CCD 芯片中，电荷是逐像素进行移位。而 CMOS 芯片与其相反，它每个像素的电荷是直接转换为电压和读数，这使得 CMOS 芯片的速度明显更快。

CCD 芯片中的电荷传输需要大量的时间，对于高分辨率芯片，这是一个明显的劣势：因为像素数众多，电荷必须由许多移位操作送入中央放大器，这就限制了最大帧速率。解决这个问题的技术手段是多抽头芯片，如图 2-9 所示。在多抽头芯片中，芯片表面被划分为多个抽头区域。每个抽头区域都有自己的电子电路，名叫抽头，可为每个抽头区域创建电信号和单个输出。出自抽头区域的图像信息被抽头在较短距离内同步进行移位、放大和选择，因此速度更快，这些区域随后必须重新组成一幅图像。多抽头过程提供了高分辨率和速度，但也有缺点：非常复杂，必须逐一对各个抽头电子电路进行仔细调整。因为抽头区域的边界很明显，所以即使是最小的偏差都会导致图像中产生明显可见的差异，最重要的问题是这种差异人眼可见。多抽头芯片的能耗通常较大，从而导致发热量增加，这往往会增加芯片的噪声，必要的时候必须适当采取降温措施。

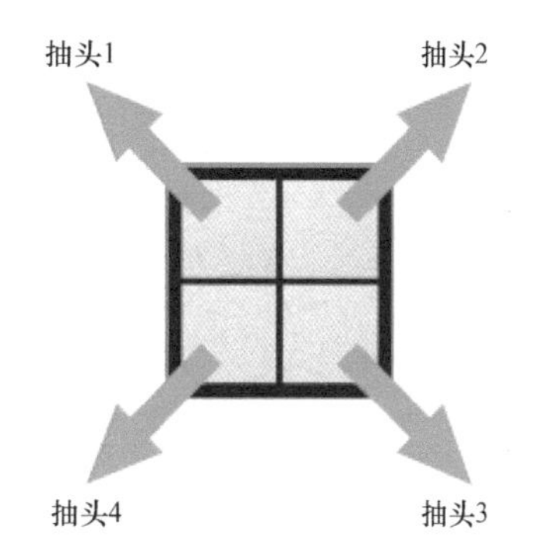

图 2-9　4 抽头芯片

近年来 CMOS 芯片技术已取得巨大进步，在多方面已超越 CCD。凭借高速度（帧速率）、高分辨率（像素数）、低功耗以及最新改良的噪声指数、量子效率及色彩观念等各方面优势，CMOS 芯片逐渐在 CCD 芯片主导的相机领域里占据了一席之地。得益于 CMOS 技术的不断改进以及该类芯片颇具优势的性价比，CMOS 芯片对工业机器视觉的吸引力日益增加。尤其是新一代 CMOS 芯片，它的主要优势是能够实现极高的帧速率及几乎无损的画质，两种芯片性能的比较见表 2-1。

表 2-1　CCD 和新型 CMOS 芯片的区别

比较项	CCD 芯片	新型 CMOS 芯片
快门	全局快门	全局快门或滚动快门
成本	非常高	与快门方式有关,相对便宜
帧率	≤20FPS	非常高
电耗	高	低
发热情况	非常高	低
动态范围	高	低到非常高
灵敏度	高	低到非常高

2.3　黑白相机与彩色相机的区别

图 2-10 所示为黑白相机的成像原理，物体在有光线照射到它表面时会产生反射，

这些反射光线进入镜头照射在 CCD 芯片上，在各个单元中生成电子。曝光结束后，这些电子被从 CCD 芯片中读出，并由相机内部的微处理器进行初步处理，此时由该微处理器输出的就是一幅数字图像了。

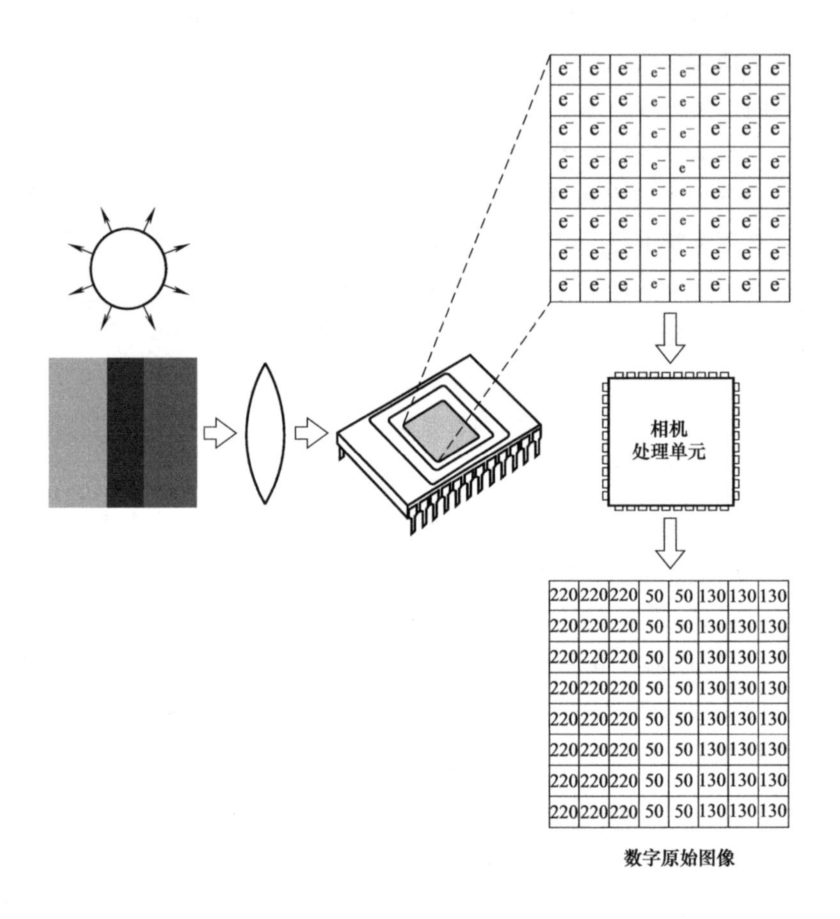

图 2-10　黑白相机成像原理

这种方式得到的像素中的数字信号是真实可靠的，因此黑白相机成像质量通常会很好。

图 2-11 所示为彩色相机的成像原理，CCD 芯片按比例将一定数量的光子转换为一定数量的电子，但光子的波长，也就是光的颜色，却没有在这一过程中被转换为任何形式的电信号，因此 CCD 芯片实际上无法区分颜色的。在这种情况下，如果我们希望使用 CCD 芯片作为相机感光芯片，并输出红、绿、蓝三色分量，那么可以采用一个分光棱镜（图 2-12）和 3 个 CCD 芯片的方案。棱镜将光中的红绿蓝三种基色分开，使其分别投射在一个 CCD 上，这样，每个 CCD 就只对一种基色分量感光。这种解决方案在实际应用中的效果非常好，但是缺点是采用 3 个芯片搭配棱镜，导致相机成本高昂，所以很多时候采用的是另外一种彩色解决方案。

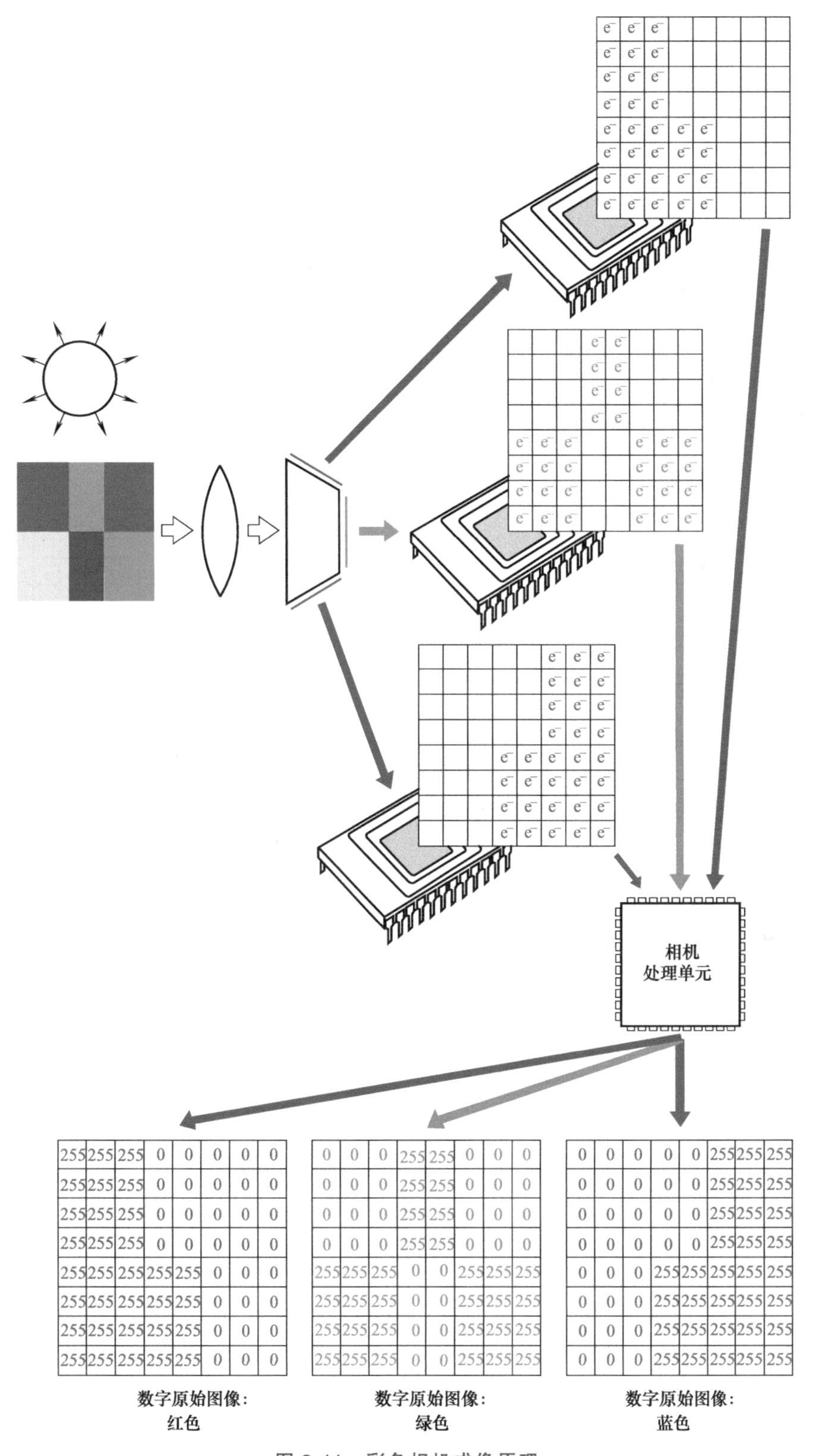

图 2-11　彩色相机成像原理

如果在 CCD 芯片表面覆盖一个只含有红绿蓝三色的马赛克滤光片，再加上对输出信号的处理算法，就可以实现一个 CCD 芯片输出彩色图像数字信号，这样可以大大降低彩色相机的成本，由于这个设计理念最初是由拜尔（Bayer）先生提出，所以这种滤镜也被称作拜尔滤镜。如图 2-13 所示，该滤镜的色彩搭配形式为：一行使用绿、蓝色彩，一行使用红、绿色彩，如此交替，这样每个像素上都只含有这三种颜色中的某一种颜色的信息。所以接下来就要对这些像素的值使用“色彩空间插值法”进行处理。以图 2-14 为例，当想要知道某像素区域颜色值时，由于只能获得这一像素上红、绿、蓝中的某一分量，另两种分量就要通过插值法获取，这种方法虽然可以获得颜色信息，但是也存在缺陷：

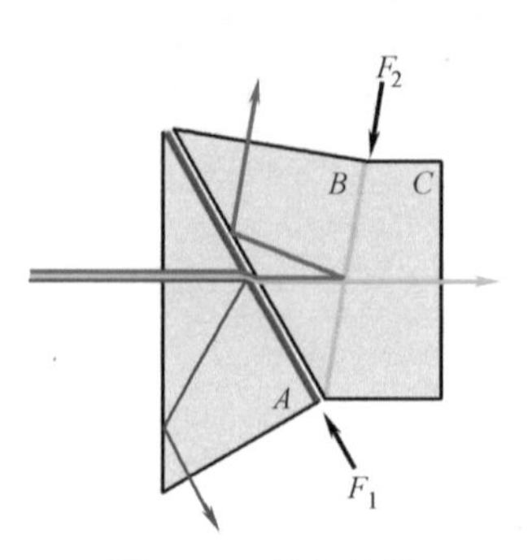

图 2-12　分光棱镜

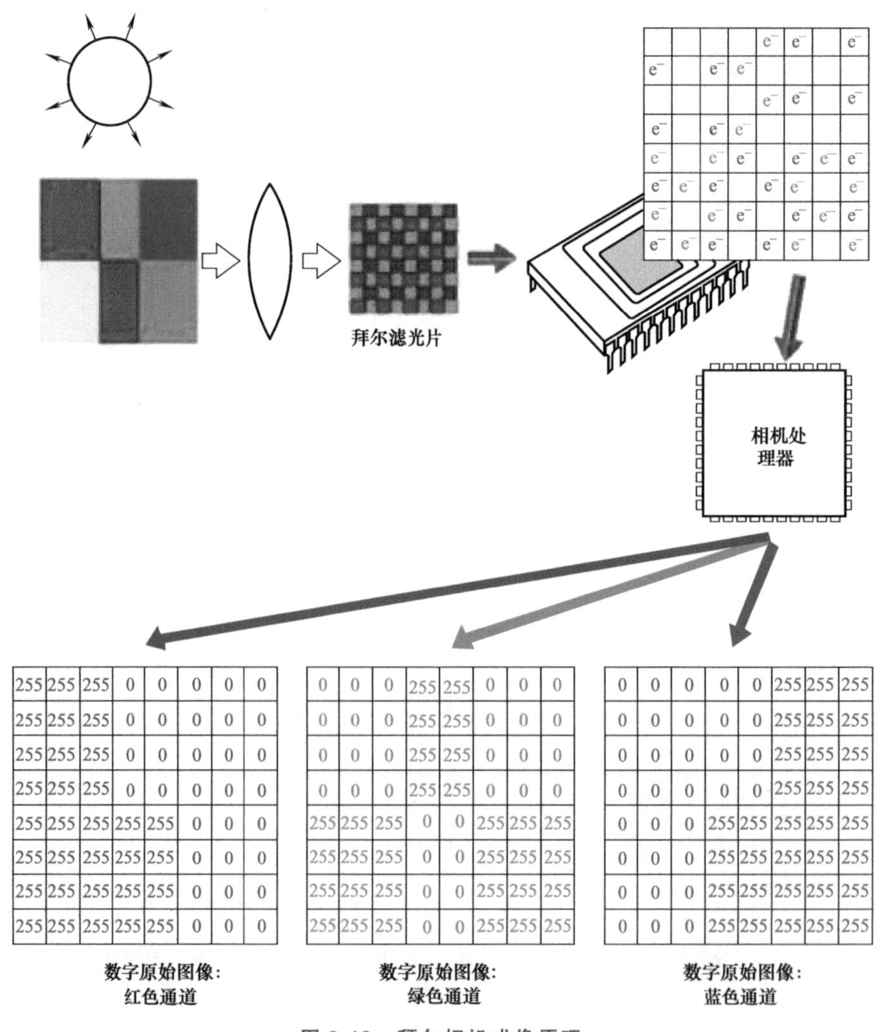

图 2-13　拜尔相机成像原理

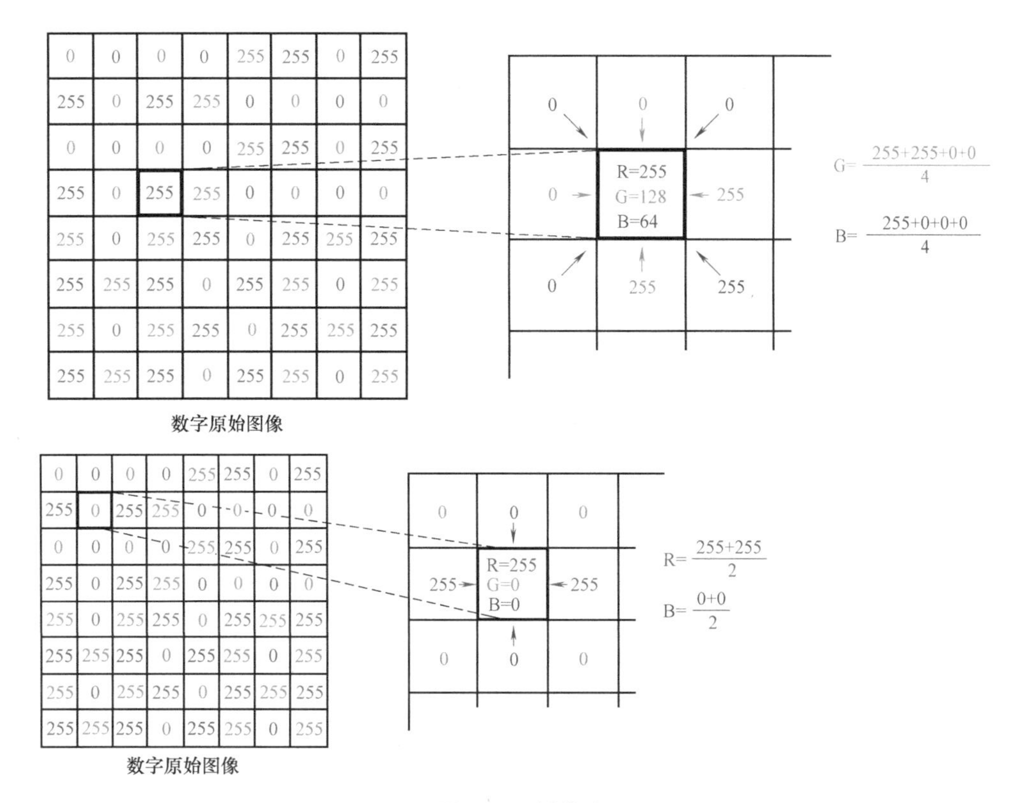

图 2-14　插值法

1）每个像素都具有红绿蓝的色彩值，但这三个值中只有一个真正来自 CCD 芯片，其他两个值由插值法计算而得，即估算值。

2）这些估算值不但干扰测量过程本身，而且它给传输和图像处理都增加了负载。

2.4　工业相机的通信接口

视觉系统由多种部件构成，包括相机、图像采集卡和视觉库函数，通常由不同厂商生产。接口标准可以确保兼容部件间无缝交互操作。早期模拟标准均配备简易的视频传输连接。相机控制和触发通过独立的供应商各自的连接来完成。数字接口标准借由一根电缆即可实现相机控制和图像传输，如图 2-15 所示。同时，数字图像传输也具有更高的灵活性，能够简化系统设计，降低总体成本。

1. IEEE 1394 接口

IEEE 1394，也称为 FireWire，该接口基于苹果公司在 1987 年开发的技术。IEEE 1394 有两种类型：IEEE 1394a 和 IEEE 1394b。就机器视觉市场而言，IIDC 指 FireWire 数据格式协议，确定了相机内部的控制寄存器布局。当前版本的 IEEE 1394-IIDC (1.32) 可适用于多相机，每条总线最多可连通 63 台设备，如图 2-16 所示 IEEE 1394 接口的特点如下：

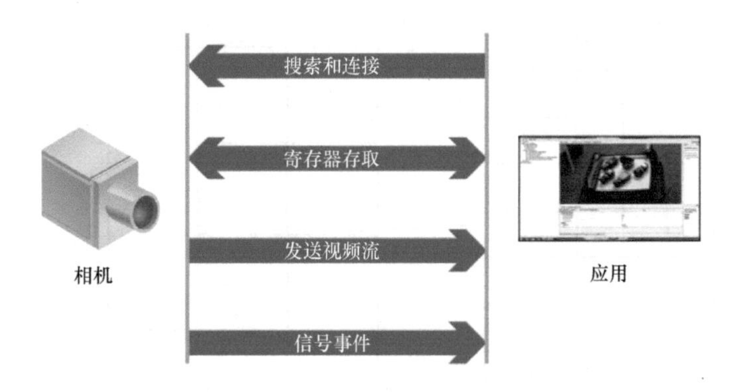

图 2-15　数字接口标准的关键功能

（1）速度　IEEE 1394a：400Mbit/s，使用 6 针连接件。

IEEE 1394b：IEEE 1394-2008 标准中，最高定义至 3.2Gbit/s，但现在 800Mbit/s 已很常见，有时也可达到 1.6Gbit/s，带 9 针连接件。

（2）接收装置　计算机（直接接收）。

（3）电缆　IEEE 1394 采用屏蔽双绞线（STP），而 IEEE 1394b 可使用光纤电缆（HPCF，GOF，POF）或非屏蔽双绞线。

（4）连接件　IEEE 1394a 为闩锁式；IEEE 1349b 为螺栓式。

2. USB 2.0 接口

USB 2.0 接口是最常用的商业接口之一，几乎所有的计算机均使用此种接口。机器视觉应用中的很多相机中仍然配置有 USB 2.0 接口，作为基础传输层。但此类相机的使用率正逐步下降，因为其没有采用任何机器视觉特定协议，且供应商间的互操作性也是个未决的难题。USB 接口如图 2-17 所示。

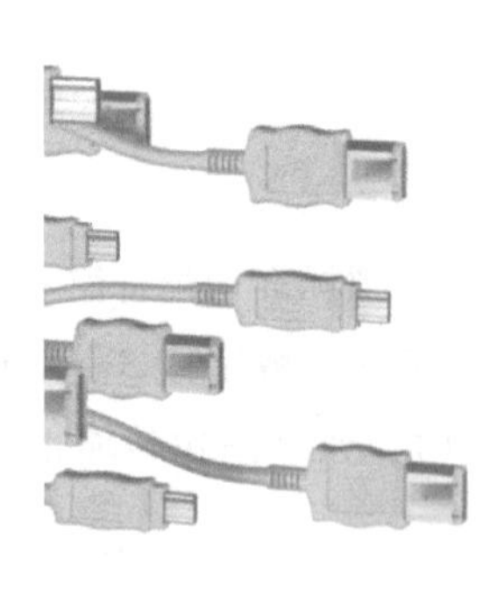

图 2-16　IEEE 1394 接口

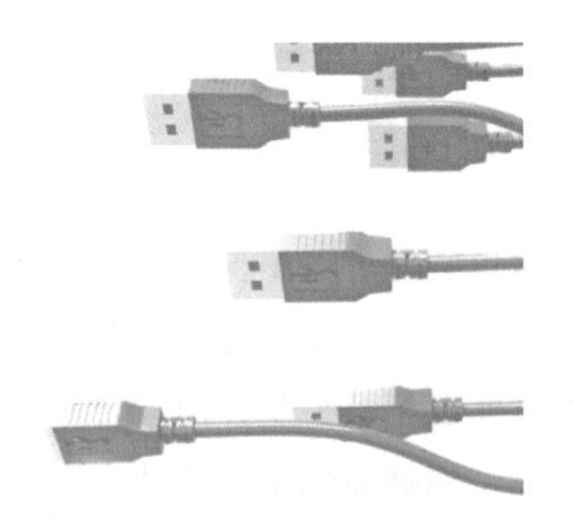

图 2-17　USB 接口

3. CameraLink 接口

CameraLink 标准于 2000 年第一次发布，这是一种强大、完善的通信链路，将相机和图像采集卡之间的连接标准化，并定义了一种完整的接口，包括提供数据传输、相机定时、串口通信和实时向相机发送信号。CameraLink 是一种非封包式协议，为最简单的相机\图像采集卡互联标准。目前在第2.0版中，标准规范包括Mini CameraLink连接件、Power over CameraLink（PoCL）、PoCL-Lite（支持base配置的最小化PoCL接口）和电缆性能规范，图2-18所示为CameraLink接口。CameraLink接口的特点如下：

图2-18　CameraLink接口

（1）速度　CameraLink接口用于实时、高速通信，单电缆的带宽为255Mbytes/s，两条电缆可高达850Mbytes/s，高带宽能确保图像快速传输，无延迟。

（2）接收装置　图像采集卡。

（3）电缆　CameraLink接口定义了自身专用的电缆。相机和图像采集卡可通过同一根电缆轻松交换数据。最大电缆长度根据相机时钟频率而定，范围在7~15m之间。Mini CameraLink接口的特点就是占地面积小，可以在空间有限时使用。

（4）连接件　MDR 26针连接件，SDR、HDR 26针连接件（Mini CameraLink），HDR 14针连接件（PoCL-Lite）。

（5）相机电源　采用PoCL后，PoCL相机可借助CameraLink电缆由PoCL图像采集卡供电。

（6）其他特点　CameraLink接口可选择GenICam支持，实现即插即用。每台相机最多可使用两条电缆。

4. CameraLink HS接口

CameraLink HS接口标准于2012年5月发布，通过使用已有电缆延伸长度同时提高带宽，以改善Camera Link接口性能。CameraLink HS接口功能包括：单比特错误免除协议；16个双向通用型输入输出（GPI/O；系统级功能，例如同步多个并行处理图像采集卡；从主机逐帧控制相机操作模型。在CameraLink HS标准下，M协议支持每通道3.125Gbit/s；X协议支持每通道10.3Gbit/s。可使用未加密的VHSIC硬件描述语言（VHDL）IP核，将CameraLink HS集成到自主设备制造商（OEM）或自定义安装使用时，可减少互连问题和开发风险。尽管CameraLink HS是一种基于数据包的协议，借助IP核，它能够实现6.4ns的触发抖动，和150ns的典型延迟；GPI/O延迟和抖动在300ns内。图2-19所示为CameraLink HS接口。

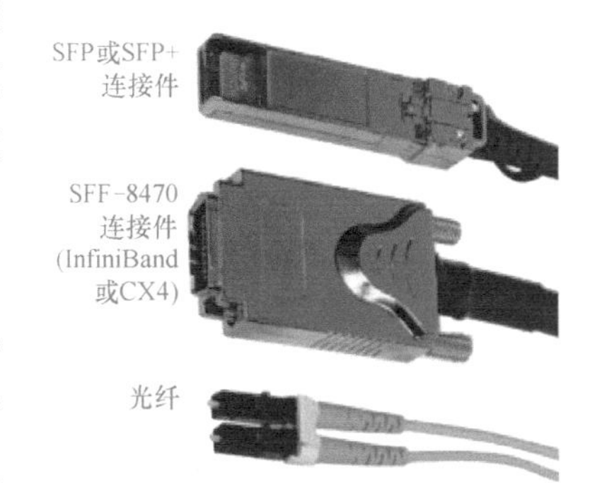

图2-19　CameraLink HS接口

5. CoaXPress接口

CoaXPress（CXP）接口标准于2010年12月发布。CoaXPress为相机和图像采集卡之间提供高速接口，支持长电缆。CoaXPress 接口最简单的形式，是采用单根同轴电缆：以高达 6.25Gbit/s 的速度将数据从相机传输至图像采集卡，同时以 20.8Mbit/s 的速度将控制数据和触发从图像采集卡传输至相机，并向相机供应最高达 13W 的电源。当要求高速度时，可使用链路聚合，采用一条以上的同轴电缆共享数据。CoaXPress 接口的特点如下：

（1）速度　CoaXPress 接口支持实时触发，包括触发特高速线扫描相机。通过标准的 20.8Mbit/s 上行链路连接至相机，触发延时为 3.4μs，若改选高速上行链路时，触发延时一般为 150ns。目前 CoaXPress 接口已可支持最快的相机，带宽余量大，在一个连接件中的 6 条链路能够实现最高达 3.6Gbit/s 的速度。

（2）接收装置　图像采集卡。

（3）电缆　链路速度为 1.25Gbit/s（CXP-1）时，CoaXPress 接口支持 100m 以上的电缆长度；链路速度为 3.125Gbit/s（CXP-3）时，最大长度为 85m；甚至达到最高速度 6.25Gbit/s（CXP-6）时，也可使用直径为 6mm 的 35m 长电缆。若采用直径更大的电缆，则可能支持更大的长度。图 2-20 所示为 CoaXPress 接口。

图 2-20　CoaXPress 接口

6. GigE Vision 接口

GigE Vision 接口标准是广泛应用的相机接口标准，基于以太网（IEEE 802.3）通信标准制定。该标准于 2006 年 5 月发布，并且分别于 2010 年（第 1.2 版）和 2011 年（第 2.0 版）修订。GigE Vision 接口支持多流通道，通过使用标准以太网电缆可实现超远距离快速、无误的图像传输。不同供应商的硬件和软件在以太网连接中可用不同的数据速率实现无缝交互操作。图 2-21 所示为 GigE Vision 接口。GigE Vision 接口的特点如下：

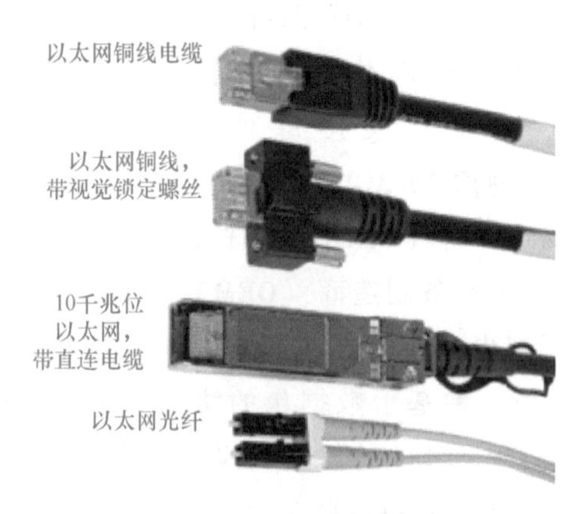

图 2-21　GigE Vision 接口

（1）速度　目前，已有 1Gbit/s 和 2Gbit/s（使用 2 条电缆）系统，以及即将面世的多种 10Gbit/s 和无线系统。

（2）接收装置　计算机（直接），目前几乎所有的计算机和嵌入式系统均内置有 GigE Vision 接口，多数情况下均无须额外加接口卡（图像采集卡）。

（3）电缆　取决于电缆和相机数目，GigE Vision 接口允许接单个相机，使用最大长度为 100m（铜线）和 5000m（光纤）的电缆。

7. USB3.0

USB3.0 VISION 标准于 2011 年末启动，其第 1.0 版于 2013 年 1 月实施。虽然是新标准，但机器视觉行业对 USB 技术并不陌生。图 2-22 所示为 USB3.0 接口。USB3.0 接口特点如下：

（1）速度　该标准是基于 USB3.0 内在特性开发的，保证了速度为 400MB/s 以上时端对端数据的可靠性。近期刚通过审批的 USB3.1 标准将该速度提高了两倍以上。

（2）接收装置　计算机（直接）。目前几乎所有的计算机和嵌入式系统均内置有 USB 接口，多种情况下均无须额外加接口卡（图像采集卡）。

图 2-22　USB3.0 接口

（3）电缆　标准无源电缆使用长度 3～5m，有源铜线电缆最大使用长度 8m，多模光纤最大使用长度 100m。

综合以上描述，总结出这几种常用接口的特性，见表 2-2。

表 2-2　几种常用接口的特性

特性	CameraLink	USB3.0	GigE Vision	1394a	1394b
速度	850MB/s	400MB/s	100MB/s	32MB/s	64MB/s
距离	10m	5m	100m	4.5m	10m
优势	1. 带宽高 2. 抗干扰能力强	1. 易用 2. 价格低 3. 多相机	1. 易用，价格低，多相机 2. 传输距离远，线缆价格低	1. 易用，价格低，多相机 2. CPU 占用最低	
缺点	1. 价格高 2. 线中不带供电	1. 无标准协议 2. CPU 占用高	1. CPU 占用稍高 2. 对主机配置要求高 3. 有丢包现象	1. 长距离传输线缆价格稍贵	

2.5　工业相机的参数与功能

1. 工业相机主要参数

（1）分辨率　分辨率实际上就是指相机像素点的个数，也就是通常说的多少万像素，但在检测中应用时，并不一定要追求过高的像素，像素高会带来帧率下降、图像处理慢的问题，选择时可根据项目检测精度要求来选择，一般以项目的精度值在图像中占1个像素为基本要求。

（2）曝光方式　线阵相机都是逐行曝光的方式，可以选择固定行频和外触发同步的采集方式，曝光时间可以与行周期一致，也可以设定一个固定的时间；面阵相机有逐行曝光、全局曝光等几种方式，数字相机一般都提供外触发采图的功能。快门速度一般可到10μs，高速相机还可以更快。

（3）最大帧率　相机采集传输图像的速率，对于面阵相机一般为每秒采集的帧数(Frames/s)，对于线阵相机为每秒采集的行数（Lines/s）。

（4）像素深度　像素深度是每位像素数据的位数，常见的是8bit、10bit、12bit。8bit深度图像即每个像素有2^8（等于256）种色阶，如果对应的是黑白图像，就是0~255位灰度。分辨率和像素深度共同决定了图像的大小。例如对于像素深度为8bit的500万像素的图片，则整张图片应该有500万/1024/1024=4.77M。增加像素深度可以提高测量的精度，但同时也降低了系统的速度，并且提高了系统集成的难度（线缆增加，尺寸变大等）。

2. 常用功能

（1）像素融合（Binning）　Binning是一种图像读出模式，将相邻像元感应的电荷加在一起，以一个像素的模式读出，如图2-23所示。Binning分为水平方向Binning和垂直方向Binning，水平方向Binning是将相邻的行的电荷加在一起读出，而垂直方向Binning是将相邻的列的电荷加在一起读出。Binning这一技术的优点是能将几个像素联合起来作为一个像素使用，提高灵敏度、输出速度，降低分辨率，当行和列同时采用Binning时，图像的纵横比并不改变，当采用2：2Binning时，图像的解析度将减少75%。

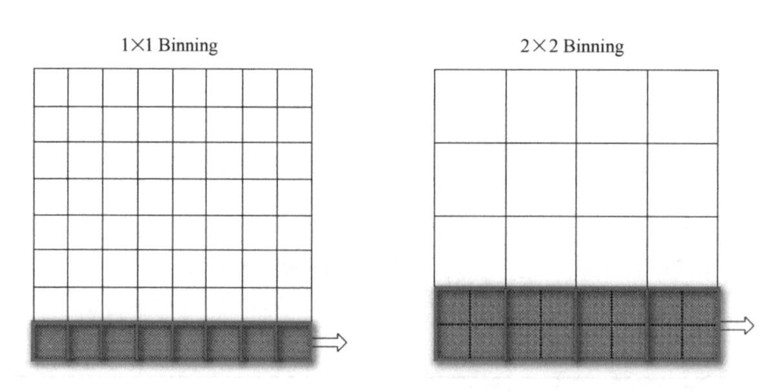

图2-23　Binning（像素融合）示意

（2）PoE（Power Over Ethernet）　一般而言，千兆以太网相机除了数据线以外，还需要一根单独的电缆来供电。采用以太网供电（PoE）技术，可以省去外部电源线，但同时也少了外部I/O控制。现在各相机厂商分别推出了单电缆解决方案，实现在同一根以太网电缆上同时传输数据和电流。该系列相机采用PoE技术来简化机械设计以提高视觉系统的可靠性，同时降低了安装与维护成本，如图2-24所示。

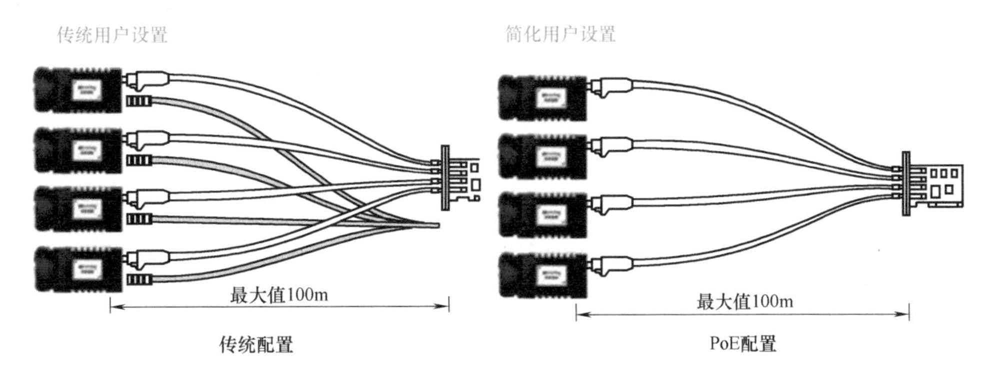

图 2-24　PoE 与传统方式的对比

（3）频闪　一般来说相机的采像模式有实时、内部触发和外部触发三种方式。实时是指相机设定好采像帧率后，按照这个设定的帧率自由采集图像。内部触发也叫软触发，是通过软件触发相机拍摄图像。外部触发是通过接入相机的外部触发信号来控制相机曝光拍照，这里所说的外部触发信号是接到相机的 I/O 线上的，如图 2-25 所示，1 号和 6 号是相机电源的引脚，2 号是相机输入，4 号是相机输出，5 号是信号地线，3 号在某些相机中属于 GPI/O（可编程 I/O）。如果需要做外部触发拍照，将外部信号接到 2 号输入引脚就可以了。而 3 号引脚可以输出频闪控制信号，即在相机曝光时向外输出信号，控制光源频闪照明。可以看到有些项目中，光源并不是常亮的，只在相机拍照时亮起，这就是频闪照明。频闪照明多用于拍摄高速运动的物体，可以固化运动物体的瞬间影像，此外，频闪照明可以让光源只在拍照时工作，这样会有效降低光源温度，延长光源寿命（开关次数对 LED 灯寿命影响很小，但温度对 LED 灯寿命影响很大）。

管脚	信号	说明
1	Power	+6～26V直流电源
2	Line1	光耦隔离输入
3	Line2	可配置IO输入/输出口(仅29mm×29mm×29mm系列支持)
4	Line0	光耦隔离输出
5	IO GND	光耦隔离地
6	GND	直流电源地

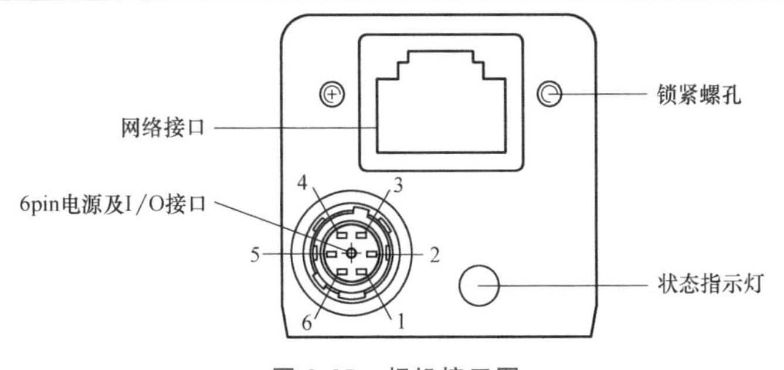

图 2-25　相机接口图

2.6 相机选型

1. 相机类型选择

用于图像处理系统的相机可分为工业相机或网络/IP（网络协议）相机两类。网络相机主要用于录制视频，广泛使用于安防监控应用之中，同时也可与工业相机结合使用。以下是网络相机的一些典型特性：

1）通常会有坚固的外壳保护，外壳具有抗振功能，能适应任何天气变化，这使相机适用于室内和室外环境。

2）各种不同功能（例如昼/夜模式）以及特殊的红外滤光片使相机能够提供卓越的成像质量，即使环境光源或天气情况极差的情况下亦可使用。

3）可压缩所记录的图像，这样可以减少数据量，也能使所有数据均可存储在相机内。通过连接到网络，理论上可让无限数量的用户访问该相机。

工业相机的特点是：

1）会以未经压缩的原始数据形式将图像直接传输至计算机，然后计算机负责处理相对大量的数据。该方法的优点是不会丢失任何图像信息。

2）工业相机包含两种形式：面阵相机和线阵相机，它们拍摄图像的方式不同，具体与视觉应用的类型相关。

面阵和线阵相机的区别：

（1）面阵　面阵相机装备了长方形芯片，配有多个可同时被曝光的像素行。因此，图像数据可在单一步骤中被捕捉和记录并同步处理。

面阵相机通常在各种不同工业领域、医疗和生命科学领域、交通运输领域或安全与监视领域中使用，通常作为对网络相机的补充。

（2）线阵　线阵相机使用一种备有 1 行、2 行或 3 行像素的芯片。图像数据将按行拍摄，而独立的像素行将在处理阶段中重新组成完整的图像。是选择面阵相机，还是线阵相机，取决于用户的应用以及应用的要求。

检测在传送带上以极快速度传送的产品时会广泛用到线阵相机。典型的工业应用包括印刷、分拣和包装、食品饮料以及各种表面检验。

2. 选择黑白相机还是彩色相机

相机的颜色选择主要取决于应用目的。需要什么样的图像？为了评估结果，需要彩色图像吗？还是黑白图像即可满足要求？如果可以，黑白相机通常更适合，因为它们更灵敏，所呈现出的图像细节更加丰富。比如智能交通系统方面的应用，经常会将黑白相机与彩色相机相结合使用，以符合特定国家/地区对于保存证据图像的法律要求。

3. 芯片类型、快门技术、帧速率

这一步需要挑选适合的芯片（即采用 CMOS 或 CCD 芯片技术）以及选择快门技术的类型（即全局快门或滚动快门）。之后要考虑的问题则的是帧速率，这个指标是相机为了能够顺畅处理任务每秒必须提供的图像数量。

1）挑选芯片类型的问题主要是用 CCD 芯片还是 CMOS 芯片的问题，关于两者区别在前面课程已做详细讲解。

2）快门的选择必须与应用匹配。快门能够保护相机内部的芯片不受入射光线的影响，且只有在曝光时才会打开。所选的曝光时间将会确保像素接收适当数量的光子，并决定快门维持打开状态的时间。全局快门和滚动快门的区别在于吸收光线的方式。

全局快门会全部打开并让光线一次性地接触整个芯片表面。依帧速率而定，移动中的目标会快速地被连续拍摄到。全局快门是需要拍摄快速移动目标的应用的首选，例如交通与运输领域，物流领域以及印刷材料的检测。

滚动快门则是逐行来曝光图像。根据所选的曝光时间不同，当目标在曝光过程中移动时，可能会发生失真，也就是所谓的滚动快门效应，如图 2-26、图 2-27 所示。但是，并非涉及移动目标的应用就完全无法使用滚动快门，在多数情况下，该效应可通过正确配置曝光时间以及使用外置闪光灯来规避。

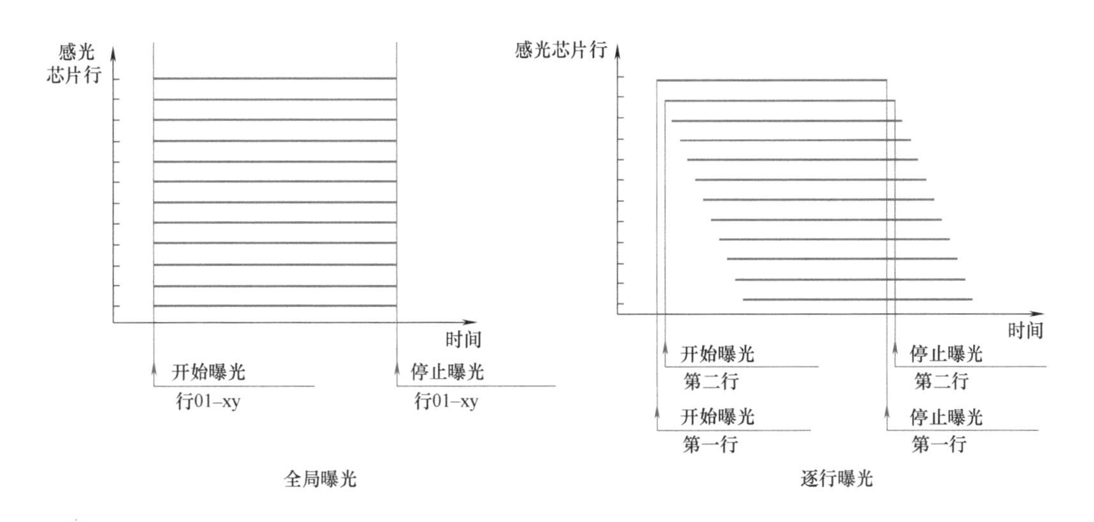

图 2-26 全局曝光与逐行曝光的区别

图 2-27 逐行曝光的“斜变效果”

对于面阵相机，帧速率与“每秒多少帧图像”或“fps”含义相同；而对于线阵相机，帧速率则与“行频”或“行频率”含义相同。帧速率描述芯片可在每秒钟拍摄与传输的图像数量。

帧速率越高，芯片速度越快；芯片速度越快，它每秒拍摄到的图像就越多；图像越多，数据量就越大。

4. 分辨率

分辨率是指芯片每行和每列上像素点的个数，计算分辨率可以参考以下公式：

分辨率=视野/像素精度

视野是指相机要拍照范围的大小，视野要比拍照范围大一些，但是也不能大太多，并且要注意视野宽高一般是有比例关系的。

像素精度是指一个像素所对应的实际物理尺寸，在不是特别精密的应用场合中，可以把像素精度作为系统的精度。

5. 图像接口

接口是相机与计算机之间的连接点，将来自相机芯片的图像数据从硬件（相机芯片）传输到软件（处理图像的组件）。

案例：现在有这样的检测需求，已知检测对象的大小是115mm×85mm，该产品放置在运动中的生产线上做在线检测，检测节拍要求每分钟能检测120个产品，检测精度要求0.1mm，检测现场（即相机安装位置），距离控制器12m，该项目无颜色检测需求，请针对本需求做出相机选型。

第一步：确定视野大小。视野要比检测对象略大一些，并且视野一般要符合4∶3比例，这里选择120mm×90mm。

第二步：按题目要求所需检测精度为0.1mm，根据前面所说的公式计算，分辨率=视野/像素精度=120×90/0.1=1200×900，那么最符合需求的是1280×1024（像素）分辨率。

第三步：由于项目需求为运动中在线检测，需要选用全局曝光的相机。

第四步：根据检测速度要求，120个/min，即2个/s，所以至少是2帧以上的帧速率才能满足使用要求。

第五步：没有颜色检测要求，黑白相机就能满足使用。

第六步：通信距离12m，考虑几种接口的通信距离长短，这里需要使用千兆网的相机才能实现该通信距离。

综上，用户只要在相机厂商官网或手册上找到1280×1024像素，即130万像素的相机，曝光方式为全局曝光，拍照速度2帧以上，网口黑白相机即可。

第3章 工业镜头

相机的镜头相当于人眼的晶状体，如果没有晶状体，人眼将看不到任何物体；如果没有镜头，那么相机将无法输出清晰的图像。镜头作为图像采集系统中必不可少的部件，与 CCD 相机配合，可以将远距离目标成像在相机的 CCD 靶面上，合适的相机镜头可以使系统得到最优化设计，它的好坏直接影响到拍摄成像的质量，图 3-1 所示为镜头。

图 3-1 镜头

3.1 镜头的常用分类

1. 根据焦距是否能调节分

根据焦距是否能调节，镜头可以分为定焦镜头和变焦镜头。

（1）定焦镜头 定焦镜头是指只有一个固定焦距的镜头，只有一个焦距段，或者说只有一个视野，一般光圈可调，并且带有调焦环，视野范围随着距离变化，是机器视觉中主要使用的一类镜头。定焦镜头的设计相对变焦镜头而言要简单得多，但一般变焦镜头在变焦过程中对成像质量会有所影响，而定焦镜头相对于变焦镜头的最大好处就是对焦速度快，成像质量稳定。不少拥有定焦镜头的相机所拍摄的运动物体图像清晰稳定，对焦非常准确，画面细腻，颗粒感非常轻微，测光也比较准确。定焦镜头一般比涵盖相应焦距段的变焦镜头口径大、最短对焦距离近，图 3-2 所示为定焦镜头。

图 3-2　定焦镜头

（2）变焦变倍镜头　变焦镜头与变倍镜头都有调整视野宽窄的功能。变焦镜头，是一种焦距在一定范围内可以调节的光学镜头，也就是说在不改变镜头位置的前提下，通过调节镜头自身就可以改变拍摄的视野和景物的大小，因此非常有利于画面构图；焦距越长，视野越小，图像越大，反之亦然。

变倍镜头，是指具有变焦功能的镜头，叫变倍是因为设备上标识有倍率（如“22×”，22 倍）数据，如果一只变倍镜头（22×）在最广角时焦距为 3.5，那么这只镜头的变焦范围就是 3.5~77。

变焦镜头的焦距可以连续变化，可以分为手动变焦和电动变焦两大类（图 3-3），尺寸比定焦镜头大。变焦镜头体积大，价格贵，成像清晰度不如定焦镜头。

图 3-3　电动变焦镜头

2. 定焦镜头按照等效焦距长短分

定焦镜头按照等效焦距长短又可以分成广角镜头、中焦镜头和长焦镜头。

（1）广角镜头　等效焦距小于标准焦距（50mm）的工业镜头。特点是工作距离短，景深大，视角大，通常畸变表现为桶形失真，如图 3-4 所示。

（2）中焦镜头　机器视觉系统中常用的工业镜头，焦距在 50mm 左右，介于广角工业镜头和长焦距工业镜头之间，通常情况下畸变校正较好。

（3）长焦镜头　等效焦距超过 200mm，工作距离长，放大倍数大，通常畸变表现

图 3-4　桶形失真

为枕形失真，如图 3-5 所示。

图 3-5　枕形失真

3. 按照某些特殊使用用途分

按照某些特殊使用用途可以分为显微镜头、微距镜头和远心镜头。

(1) 显微镜头　显微镜头一般是指成像比例大于 10：1 的拍摄系统所用镜头，主要是为近摄拍摄而用，如图 3-6 所示。

(2) 微距镜头　微距镜头是一种用作微距摄影的特殊镜头，主要用于拍摄十分细微的物体。为了对距离极近的被摄物也能正确对焦，微距镜头通常被设计为能够拉伸得更长，以使光学中心尽可能远离感光元件，同时在镜片组的设计上，也更注重于近距离下的变形与色差等的控制。专业的微距镜头分辨率高，畸变系数也比较低。

图 3-6　显微镜头

(3) 远心镜头　远心镜头（Telecentric）主要是为纠正传统工业镜头的视差而设计，它可以在一定的物距范围内，使得到的图像放大倍率不会变化，这对被测物不在同一物面上的情况是非常重要的功能。远心镜头由于其特有的平行光路设计一直为对镜头畸变要求很高的机器视觉应用场合所青睐，如图 3-7 所示。

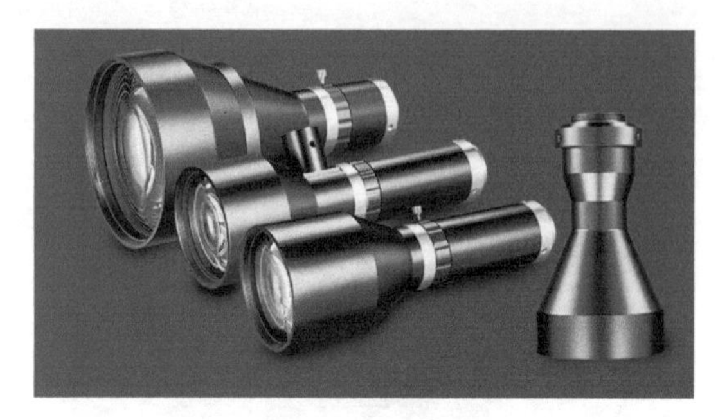

图 3-7　远心镜头

3.2　远心镜

首先，我们从非远心镜头的几个问题说起。第一个问题，一般镜头在成像过程中，当工作距离发生变化时，其所成图像大小会相应的发生变化，造成的结果就是同一个焦距的镜头，对应不同的物距，将会有不同的放大倍率，这一现象跟人类视觉系统的近大远小视觉差类似。这一问题在某些应用场合是可以被忽略甚至加以利用的，但是当视觉系统被用来执行精密测量任务时，这一特性则会成为极大的阻碍。第二个问题，普通的镜头都存在一定范围的景深，当被测物体不在镜头的景深范围内时，图像就会变得模糊，无法清晰聚焦，为此，设计师们在普通镜头上设计了调焦环，当工作距离发生变化时，可以通过调节对焦面来看清楚感兴趣的区域。问题是，如果被测物体本身的深度超出了一定范围，镜头始终没办法同时看清零件顶部和底部两端，这个问题，必须通过其他的途径来解决。第三个问题，随着现在成像芯片分辨率的不断提高，用户对测量精度的要求也越来越苛刻，普通的镜头受制于其光学成像的原理，最好的也只能做到 10μm 左右，视觉检测领域需要精度更高的成像产品。

如图 3-8 所示，可以发现截面大小相同的棱柱，由于被摄面距离镜头远近的不同，在普通镜头下，成像大小不一样，呈现出“近大远小”的特点。而在图 3-9 中，在有一定厚度的齿轮上有一些开孔，这些开孔在普通镜头下可以明显看出孔边缘的月牙形阴影，而在远心镜下，圆形孔的轮廓十分清晰。

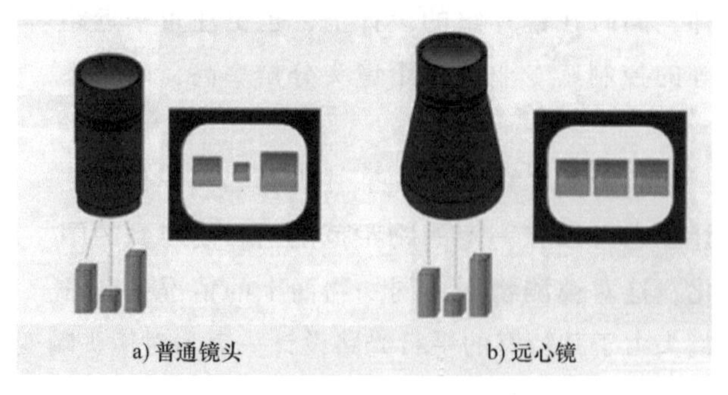

a) 普通镜头　　b) 远心镜

图 3-8　消除“近大远小”视差

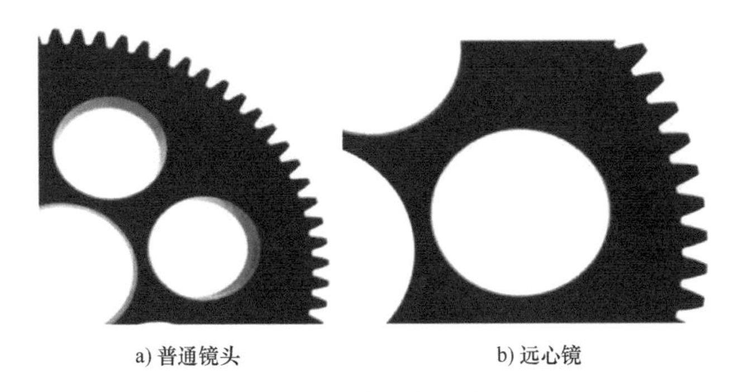

图 3-9　消除“边缘效应”

1. 远心镜头的分类

远心镜头根据设计不同主要分为物方远心镜头、像方远心镜头和双远心镜头。

（1）物方远心镜头　物方远心镜头是将孔径光阑放置在光学系统的像方焦平面上（图 3-10），当孔径光阑放在像方焦平面上时，即使物距发生改变，但像高并没有发生改变，即测得的物体尺寸不会变化。物方远心镜头用于工业精密测量，畸变极小，高性能的物方远心镜头可以达到无畸变。

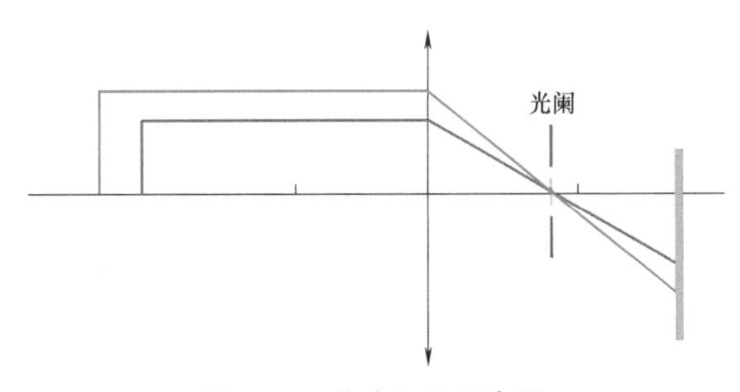

图 3-10　物方远心示意图

（2）像方远心镜头　像方远心镜头通过在物方焦平面上放置孔径光阑（图 3-11），使像方主光线平行于光轴，从而虽然 CCD 芯片的安装位置有改变，但在 CCD 芯片上的投影成像大小不变。

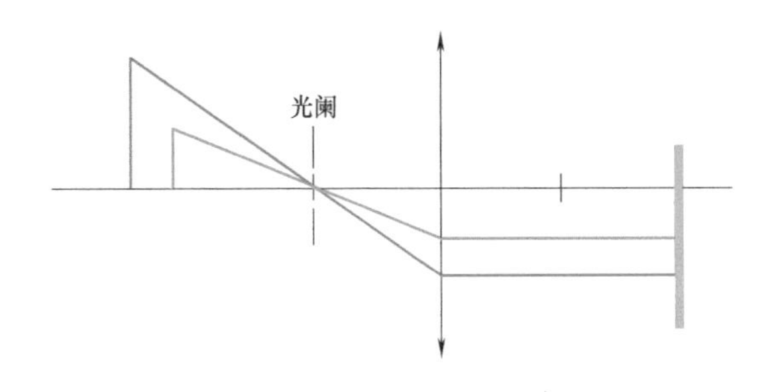

图 3-11　像方远心示意图

（3）双远心镜头　双远心镜头通过在镜头中间放置光阑（图 3-12），使得进出镜头的光线均为平行光，其他光线被光阑遮挡，无法到达成像芯片，这样做可以解决以下问题：

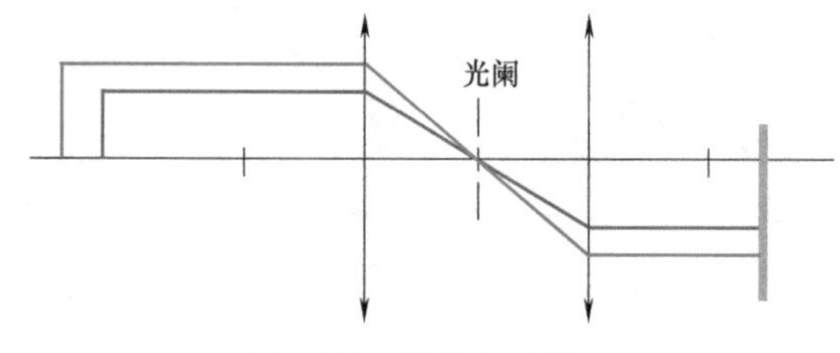

图 3-12 双远心示意图

1）景深问题：普通镜头的景深比较小，当需要测量的物体在镜头纵深方向超出其范围，检测无法进行。

2）放大倍率问题：放大倍率随距离变化而发生变化。当我们的视觉系统被用来执行精密测量任务时，这一特性会导致不可容忍的误差。

3）分辨率问题：普通工业镜头分辨率跟不上芯片分辨率提高的脚步，其受制于其光学成像的原理，比较好的其分辨率也只能做到 10μm 左右，可配合 1000 万像素的相机使用，满足不了现在高分辨率相机和高精度测量检测的要求。

远心镜与普通镜头拍照效果对比如图 3-13 所示。

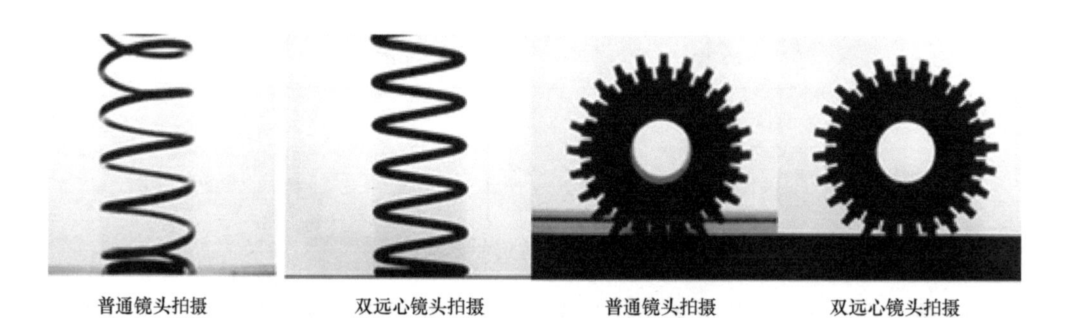

图 3-13 远心镜与普通镜头拍照效果对比

远心镜头一般有固定大小的光圈、工作距离和放大倍率，因此无法调节镜头的亮度和视野，只能通过选择不同型号的镜头来满足检测的需要。而上述三者固定的情况下，镜头的景深同时也固定了。下面是远心镜头的主要应用场景：

1）当被检测物体厚度较大，需要检测不止一个平面时，典型应用如食品盒、饮料瓶等。

2）当被测物体的摆放位置不确定，可能跟镜头成一定角度时。

3）当被测物体在被检测过程中上下跳动，如生产线上下振动导致工作距离发生变化时。

4）当被测物体带孔径或是三维立体物体时。

5）当需要低畸变率、图像效果亮度几乎完全一致时。

6）当需要检测的缺陷只在同一方向平行照明下才能检测到时。

7）当需要超过检测精度时，如容许误差为1μm。

2. 远心镜配合平行光的使用

在远心镜头的应用中，需要与远心平行光源携手以使得检测系统获得更佳的效果，如图3-14、图3-15所示。在具体应用中，需要将被测物体置于平行光与远心镜头之间，工作距离因型号不同而异。

相对于普通的背光源，远心平行光源可消除由于光源漫射所造成的边缘模糊等现象，获得边缘清晰、锐利的图像，大大提高测量精度。远心镜头特别适合于柱形物体的拍摄，在检测三维物体时或当图像尺寸和形状精确性十分重要的情况下，根据远心镜头原理特点及其具有的独特优势，使用远心镜头检测方案非常有效，而作为其最佳拍档——远心平行光源也是不可或缺的好帮手。

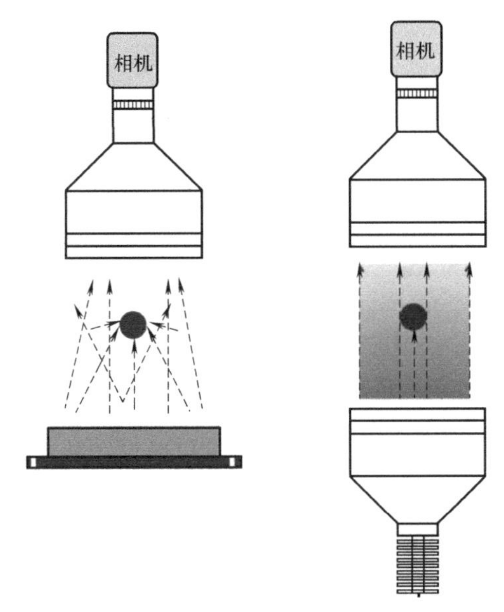

图3-14　远心镜配合平行光使用

3. 远心镜头的选型方法

远心镜头的选型办法其实跟普通光学系统中的镜头类似，需关注如下几点：

(1) 兼容的CCD靶面尺寸　这一点跟普通镜头的选择类似，要求远心镜头兼容的CCD靶面尺寸大于或等于配套的相机芯片靶面，否则会造成分辨率的浪费。

(2) 接口类型　目前远心镜头提供的接口类型也跟普通镜头类似，有C口、F口等，只要跟相机配套即可使用。

(3) 放大倍率，或成像范围　当放大倍率和CCD靶面确定时，成像范围即确定，反之亦然。

(4) 工作距离　一般以上三点选定的情况下，工作距离已经确定在一个范围之内，这是其成像光路决定的。需要注意的是此工作距离是否满足实际使用要求。当选用远心

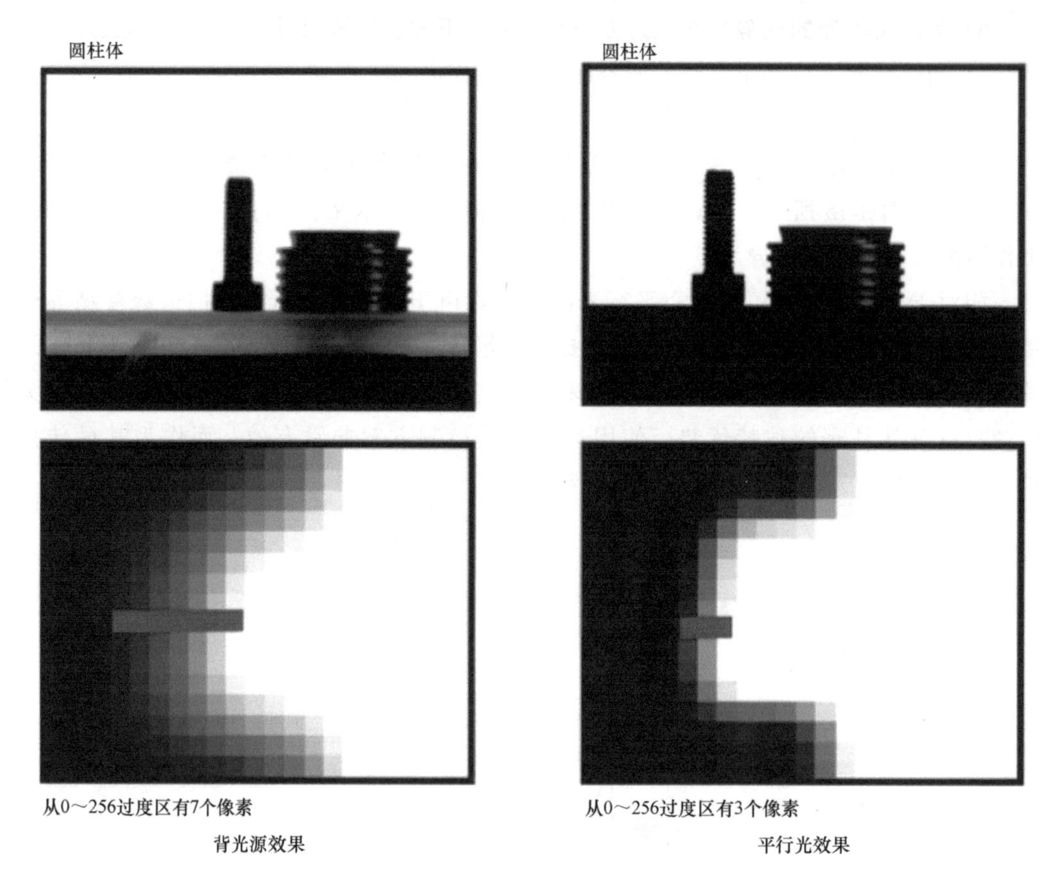

图 3-15　远心镜配合平行光使用效果

系统进行检测时，建议先选定镜头，依据其工作距离设计其他机械结构。

（5）景深范围　在满足前面几个使用条件的前提下，景深范围越大，说明远心系统的光学特性越好，在选型时可作为参考。

3.3　镜头的基本特性

1. 镜头畸变

对于理想光学系统，在一对共轭的物像平面上，放大倍率是常数。但是对于实际的光学系统，仅当视场较小时具有这一性质，而当视场较大或很大时，像的放大率就要随着视场而异，这样就会使像相对于物体失去相似性。这种使像变形的成像缺陷称为畸变，如图 3-16 所示。

畸变在光学系统中只引起像的变形，对像的清晰度并无影响。因此，对一般的光学系统来说，只要感觉不出它所成像的变形，这种成像缺陷就无妨碍。但是对于某些要利用像来测定物体大小尺寸的应用，畸变的影响就非常重要了，它直接影响到测量精度，当然，这种畸变可以通过标定板进行变形校正。

普通工业镜头的畸变一般在 1%～2%，这样的畸变通常会影响检测精度（例如实际

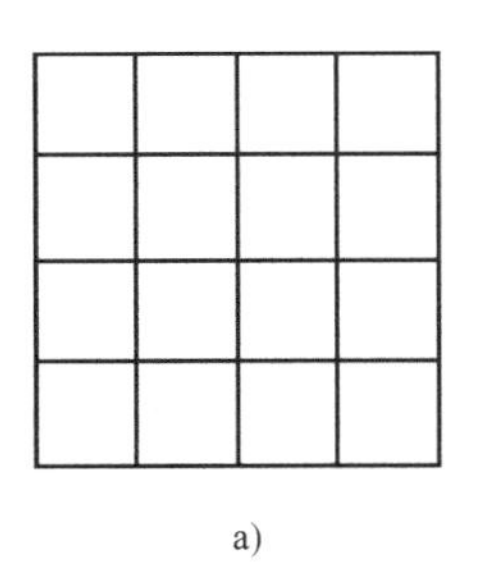

a)

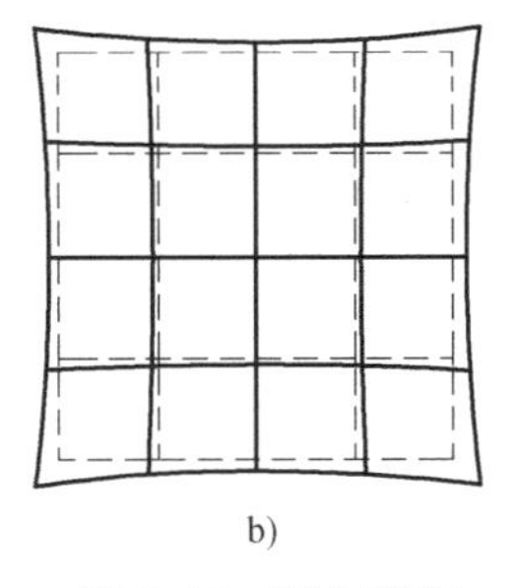

b)

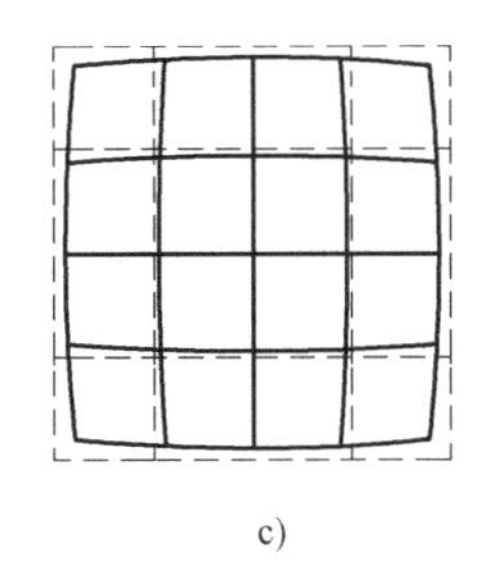

c)

图 3-16　镜头畸变

长度为 100mm 的物体，使用这种镜头测得的尺寸可能是 101～102mm)；而一些远心光学系统的双远心镜头，畸变一般可以小于 0.1%，畸变系数为普通镜头的 1/20，大大提高了检测精度和稳定性，达到了目前高标准光学测试仪器的测量极限，如图 3-17 所示。

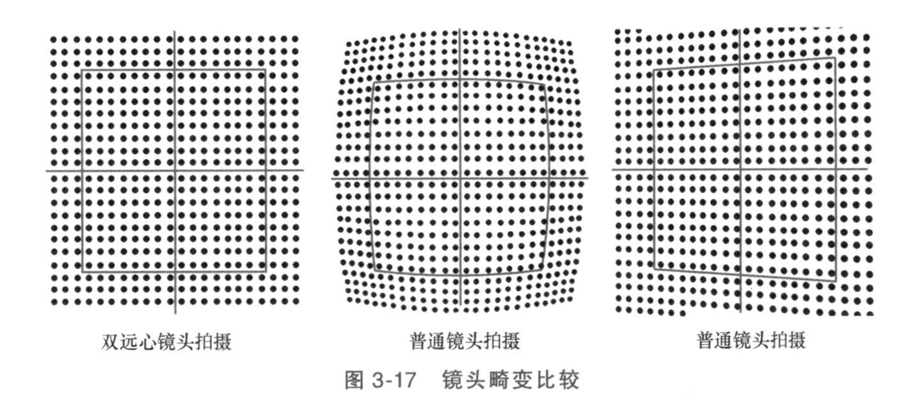

图 3-17　镜头畸变比较

2. 景深

当拍摄一张照片时，被摄物体与其前后景物有一段清晰的范围，这个范围叫作景深。如图 3-18 所示，左图被摄物体两侧有一个大的清晰范围，称之为大景深，而右图只有一小段清晰范围，称之为小景深。

图 3-18　不同的景深

景深主要与三点有关：

1) 光圈越大，景深越小；光圈越小，景深越大，如图 3-19 所示。

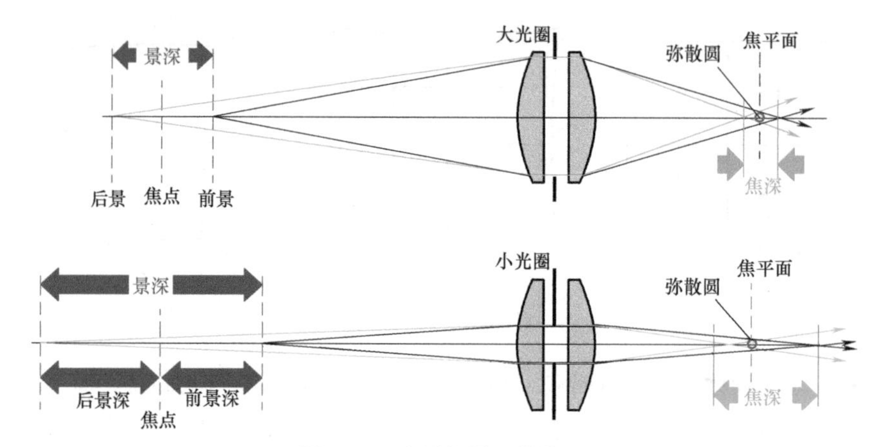

图 3-19　光圈与景深的关系

2）镜头焦距越长，景深越小；焦距越短，景深越大，如图 3-20 所示。

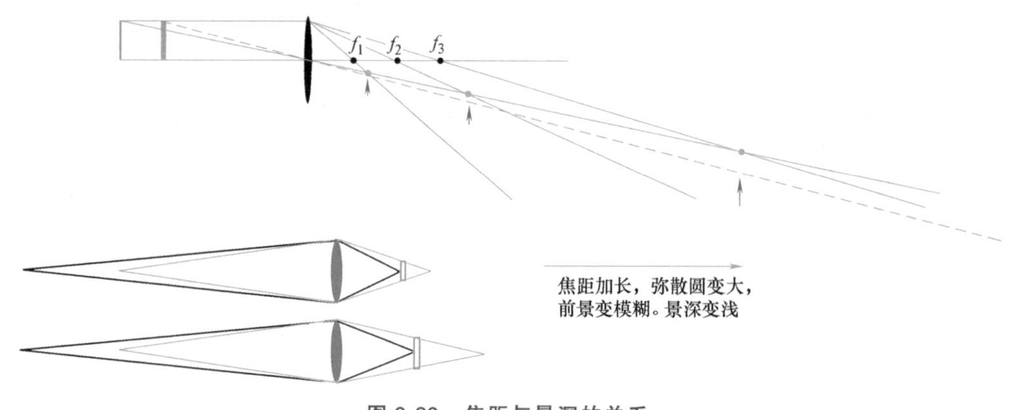

图 3-20　焦距与景深的关系

3）距离越远，景深越大；距离越近，景深越小。

3.4　镜头接口

从大的分类来看，镜头接口可以分为螺纹接口和卡口两类。在螺纹接口这个类别中，最常用的是 C、CS、M12、M42、M58 这五种接口。

使用 C 口和 CS 口的工业相机，如图 3-21 所示。这两个接口非常相似，它们的接口直径、螺纹间距都是一样的，只是法兰距不同。所谓法兰距，也叫作像场定位距离，是指机身上镜头卡口平面与机身曝光窗平面之间的距离，即镜头卡口到感光元件（一般是 CMOS 芯片或 CCD 芯片）之间的距离。C 接口的法兰距是 17.526mm，而 CS 接口是 12.5mm。因此，对于 CS 接口的相机，如果想接入 C 接口的镜头，只需要加一个 CS-C 的转接环就行了（该转接环的厚度是 5mm），如图 3-21 所示。而 CS 接口的镜头，只能使用在 CS 接口的相机，如果再加 5mm 的延长管，则可能无法成像，如果成像，则是改变像距，会缩短最小工作距离和变小视野。

M12 接口，这个接口对应的数字 12，指的是接口直径是 12mm（所以，举一反三，M42 接口的直径是 42mm，M58 接口的直径是 58mm）。由于 M12 接口的直径比较小，因此这个接口一般在微小工业相机上才会使用，例如无人机上搭载的相机一般用的都是这种接口的镜头，如图 3-22 所示。

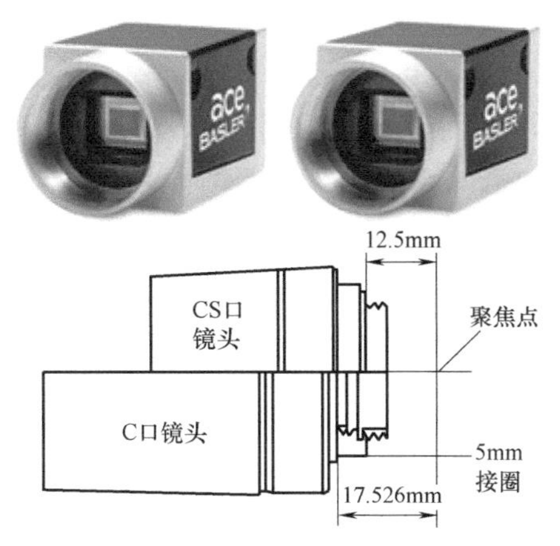

图 3-21　C 口与 CS 口接口相机

图 3-22　M12 接口镜头

图 3-23 所示是 M42 接口和 M58 接口的工业相机实物，由于这种接口的直径比较大，它们一般用在大靶面的工业相机甚至线扫相机上。

图 3-23　M42 接口与 M58 接口相机

关于卡口这个类别，我们相对比较熟悉，因为现在的单反相机基本上用的都是卡口，最常见的是尼康的 F 口和佳能的 EF 口等。如图 3-24 所示，它们从外观上看并不容易区分，最大的区别是法兰距不同：F 接口镜头的法兰距比 EF 接口的法兰距要长。

图 3-24　佳能和尼康的卡口

不要小看F口和EF口在法兰距上的区别，这会导致什么结果呢？如果相机是F接口，这会导致EF接口的佳能镜头无法使用（即便装上也无法清晰对焦和成像）；而如果相机是EF接口的，那么无论是F口还是EF口的镜头，都是可以使用的，此时如果需要使用F接口的镜头，则需要加装一个转接环即可（图3-25）。

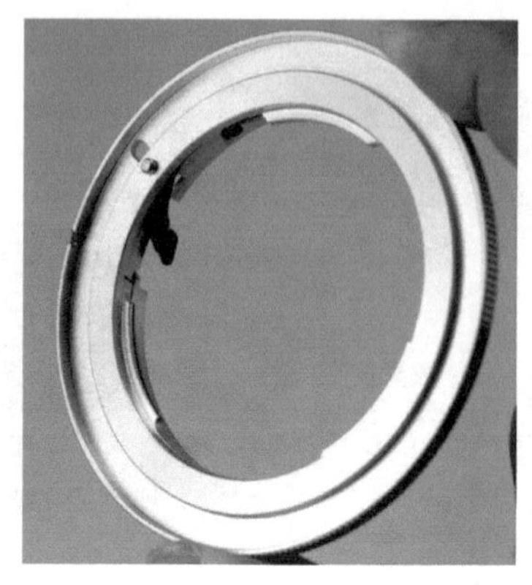

图3-25　镜头转接环

3.5　镜头选型

在选择镜头时应该考虑以下这些因素：

1. 芯片尺寸和靶面

芯片尺寸是选择正确镜头的一个决定性因素。高分辨率面阵相机及线阵相机芯片尺寸相比低分辨率相机更大。芯片尺寸并没有任何标准，由芯片的分辨率和像素大小决定。从理论上讲，选择是无限的，只是价格问题。

芯片尺寸单位为英寸，但此数据对应的是芯片对角线长度，1in为16mm，而不是25.4mm，如图3-26所示。这是因历史原因形成的。

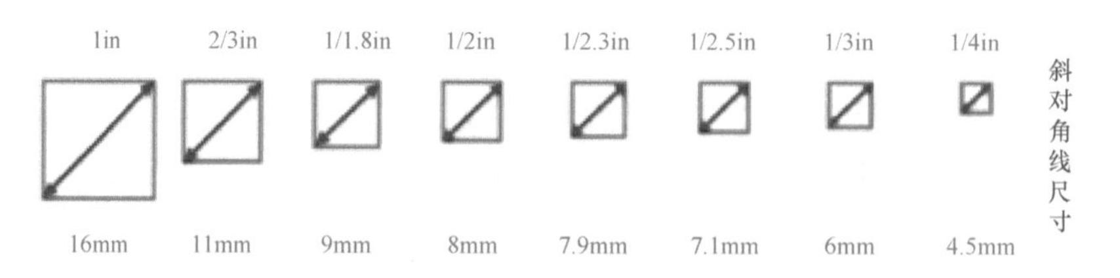

图3-26　不同尺寸芯片

2. 接口

相机机身和镜头之间的连接处称为接口。接口采用标准尺寸，根据相机机身的螺纹类型进行标记。

C口是机器视觉相机最常用的接口类型，适合直径为20mm（相当于1.5in）的芯片。对于更大尺寸的芯片，通常使用F口，但是这类接口很少用于工业应用。对于这些应用，通常使用 CS 口和 S 口镜头，这些镜头更适合小型芯片。而 S 口镜头用于 1/2in、1/3in 或更小尺寸的芯片。要在 CS 口机身安装 C 口镜头，则需要 5mm 接圈，如图 3-27 所示。但是反过来，CS 口镜头是不能安装在 C 口相机上的。

图 3-27　镜头转接环

3. 靶面直径

类似于芯片尺寸，靶面直径单位为英寸。理想情况下，1/3in 的 C 口镜头应安装在采用 1/3in 芯片的相机上，这样可以尽可能多利用可用靶面。如果将同一镜头安装在采用 1/2″大小芯片的相机上，就会出现光晕，如图 3-28 所示。

假设采用相同焦距的 2/3in 镜头以及 1/3in 芯片，则不会产生任何光晕。不过，视角会改变。原则上，使用大的镜头甚至是一项优势，可以形成更大的靶面，这意味着，图像从中心到边缘的锐化可以保持一致

但在这种情况下很大一部分靶面无法使用，也就造成资金浪费。这样镜头尺寸就无关紧要了，图像的大小由芯片尺寸决定。镜头越大，价格越贵。对于较小的芯片，您应该使用适当的较小镜头。

结论：靶面直径必须适合或大于芯片尺寸！

图 3-28　镜头靶面较小造成光晕

4. 分辨率和像素大小

只有使用高分辨率镜头，才能获得高分辨率图像。

要获得真正优秀的高分辨率图像，仅仅像素数较高是不够的，镜头还必须能够解析像素大小。镜头的分辨率以每毫米线对数衡量，它表示每毫米中可以相互分离的行的数量，如图 3-29 所示。可以分辨的线对数越多，镜头的分辨率越高。

MTF 曲线（调制传递函数）描述了镜头从图像中心到边缘的分辨率性能。计算 MTF 曲线的参照物是黑色和白色线条测试图，其组合方式越来越细，因此可以读出以 1p/mm 表示的最大分辨率。

镜头分辨率可帮助确定仍然可以解析的像素大小。大多数情况下直接指定镜头可解析的百万像素数。对于具备 500 万像素分辨率的芯片，它具有 500 万个图像点，因此需要可以解析全部 500 万像素分辨率的镜头。

图 3-29　镜头分辨率衡量标准

有一个两百万像素的相机，像素数为 1600×1200＝1920000，感光面尺寸是 1/2in。我们知道 1/2in 的感光面水平尺寸是 6.4mm、垂直尺寸是 4.8mm（按照 4∶3 比例），它的水平像素密度是 1600/6.4＝250pixel/mm，垂直像素密度是 1200/4.8＝250pixel/mm，感光像元尺寸是 4μm×4μm。水平像素密度和垂直像素密度一样，像素是正方形的，如果像素不是正方形的，镜头分辨率应参考高方向像素密度。在这里水平像素密度和垂直像素密度都是 250pixel/mm，所以镜头分辨率应选 125lp/mm。如果一个两百万像素的工业相机感光面尺寸是 1/3in，1/3in 的感光面水平尺寸是 4.8mm，垂直尺寸是 3.6mm，它的水平像素密度是 1600/4.8＝333pixel/mm，垂直像素密度是 1200/3.6＝333pixel/mm，所以镜头分辨率应选 167lp/mm。

结论：镜头的分辨率必须与芯片的像素大小匹配。

附注：百万像素。许多消费相机或智能手机制造商对设备具有超高像素数进行广告宣传，这暗示消费者更多像素意味着更高分辨率，可以获得理想图像。但如果镜头不适合，高像素数事实上并没有帮助。高质量镜头非常昂贵，因而很多制造商试图在这方面降低成本。如图 3-30 所示，一款配备分辨率为 2000 万像素相机的智能手机生成的图像只是将模糊图像放大了而已。然而，采用 500 万像素分辨率和高质量镜头的紧凑型相机会获得明显更清晰的图像，尽管标称分辨率较低。

对于工业图像处理，芯片通常提供的分辨率在 VGA（30 万像素）和 500 万像素之间。至少对于 C 口相机来说，更高分辨率意义不大，因为单个像素太小，对于执行所需的测量和检测任务来说噪声过大。

图 3-30　图像放大后可以发现图像较模糊

5. 焦距与芯片尺寸的相互关系

我们将镜头的光学中心和焦点之间的距离定义为焦距。平行入射光的所有光线在焦点相交，因而镜头焦距 f 依赖镜片的屈光度，以毫米为单位表示，如图 3-31 所示。

焦距越大，镜头的远摄特性越强，如图 3-32 所示。体育摄影师和狗仔队使用的巨型长焦镜头显然比消费相机的镜头焦距更长。广角镜头和鱼眼镜头焦距相应较小。

焦距由芯片宽度、物镜宽度和操作距离决定。大部分镜头供应商在他们的网站提供了计算工具，可用于计算焦距。

图 3-31　不同焦距的镜头

图 3-32　不同焦距的示例图像

FA 镜头的焦距一般是 8mm、12mm、16mm、25mm、35mm 或 50mm。根据拍摄时所需要的视野及工作距离，可以计算出焦距值，如图 3-33 所示，可推算出公式：

芯片尺寸/视野=焦距/WD

转化后即得，焦距（f）=芯片尺寸×WD/视野

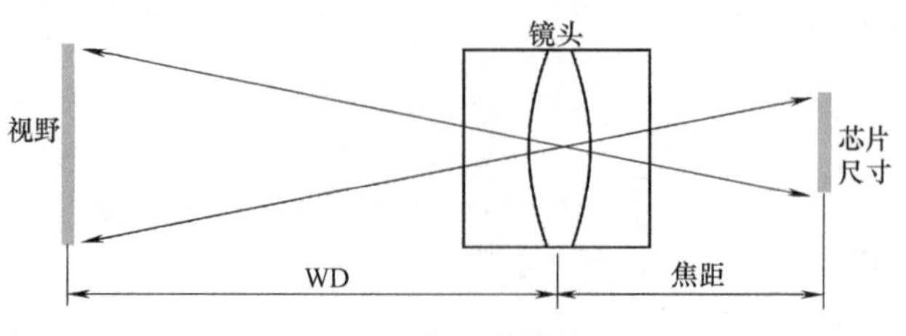

图 3-33 焦距计算关系

结论：焦距必须与芯片尺寸和应用体系结构匹配。

6. 光圈及光源条件

相机光圈的选择直接影响图像质量和亮度。*F* 数（或 F 制光圈）是焦距与光圈直径的比值，表示光圈全开的宽度，如图 3-34 所示。

F 数较高意味着光圈较小，从而投射在芯片上的光线较少。当光圈全开时，更多的光线将投射到芯片上，则只需较少的额外光线，便可获得出色图像。

对于较差的光源，应该选择全开光圈。

较小的光圈既有优点也有缺点。较小的光圈可以降低光晕和其他像差等意外效果，并增加焦距。然而，需要注意光圈不能太小。如果采用太小的光圈，会产生衍射模糊，在这种情况下光圈边缘的入射光将发生偏斜，对图像质量产生不利影响。

因此，每个镜头的理想 *F* 数实际上无非是最小衍射模糊与最大景深之间的平衡。

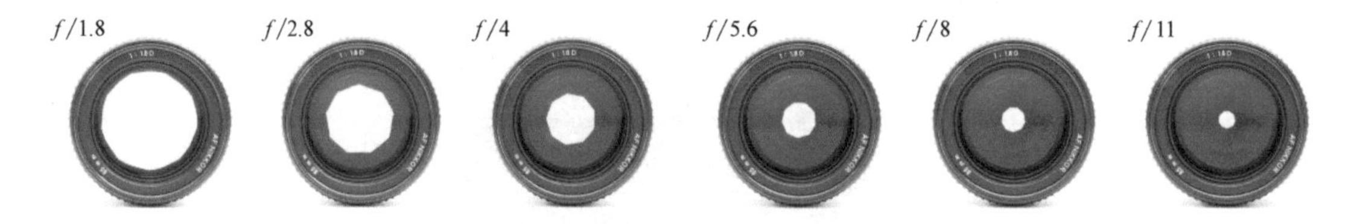

图 3-34 光圈系数和通光孔大小的关系

F 数较小可以增加景深，但会导致严重变暗，产生衍射模糊。因此，使用者应该找到一个好的平衡点。

结论：光圈必须适合您应用的光线条件。

第4章 工业光源

4.1 光学基本知识

4.1.1 电磁波谱与可见光

在空间传播着的交变电磁场，即电磁波，它在真空中的传播速度约为 30 万 km/s。电磁波包括的范围很广，实验证明，无线电波、红外线、可见光、紫外线、X 射线、γ 射线都是电磁波。光波的频率比无线电波的频率要高很多，光波的波长比无线电波的波长短很多；而 X 射线和 γ 射线的频率则更高，波长则更短。为了对各种电磁波有个全面的了解，人们将这些电磁波按照它们的波长或频率、波数、能量的大小顺序进行排列，这就是电磁波谱，如图 4-1 所示。

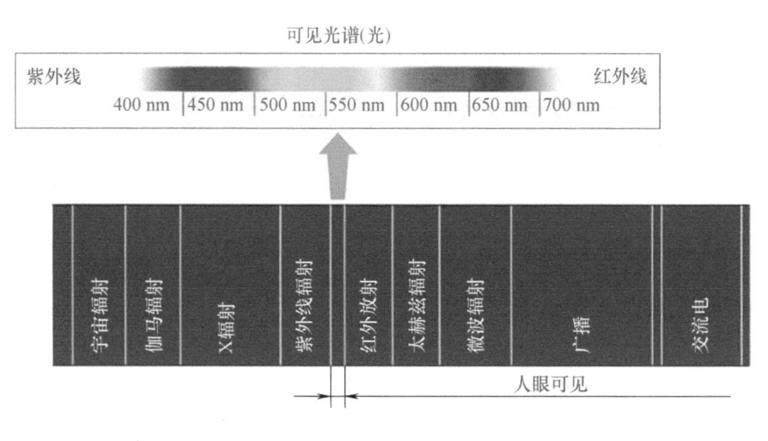

图 4-1 电磁波谱

可见光是电磁波谱中人眼可以感知的部分，可见光谱没有精确的范围；一般人的眼睛可以感知的电磁波的波长在400~760nm之间，但还有一些人能够感知到波长大约在380~780nm之间的电磁波。

4.1.2 三大光学现象

1. 反射

光在传播到不同物质时，在两种介质的分界面上改变传播方向又返回原来物质中的现象，叫作光的反射，如图4-2所示。

光的反射定律：

三线共面：反射光线与入射光线、法线，在同一平面上。

两线分居：反射光线和入射光线分居在法线两侧。

两角相等：反射角等于入射角。

光具有可逆性：光的反射现象中，光路上是可逆的。

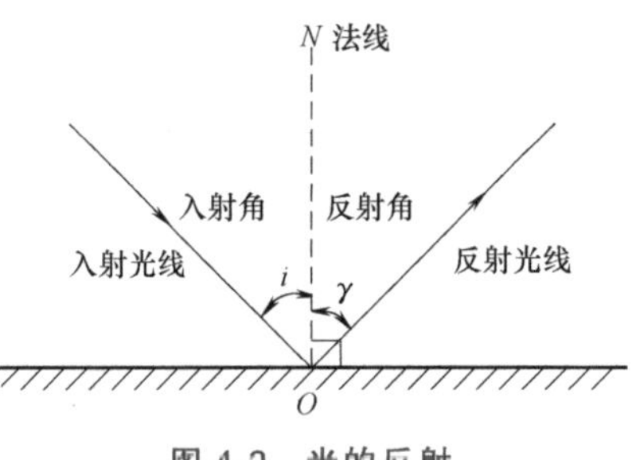

图4-2 光的反射

光的反射分为镜面反射、漫反射和方向反射，如图4-3所示，具体区分如下：

镜面反射：镜面反射也称为正反射，是镜面状介质反射的波，反射光线与入射光线的表面法线具有相同的角度。

漫反射：平行光线射到凹凸不平的介质表面上，各条光线的反射角方向会混乱，反射光线射向各个方向，也称朗伯反射。

方向反射：介于镜面反射和漫反射之间，也称非朗伯反射，其表现为各向都有反射，且各向反射强度不均匀，没有规律可循。

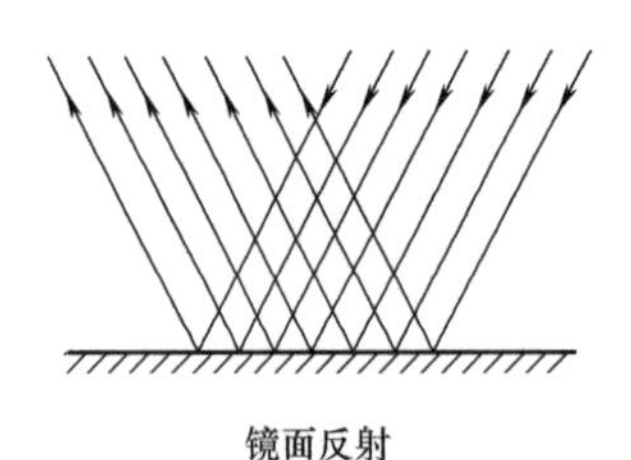

图4-3 镜面反射与漫反射

2. 折射

光从一种介质斜射入另一种介质时，传播方向发生改变，从而使光线在不同介质的交界处发生偏折，这种现象叫作光的折射，如图4-4所示。

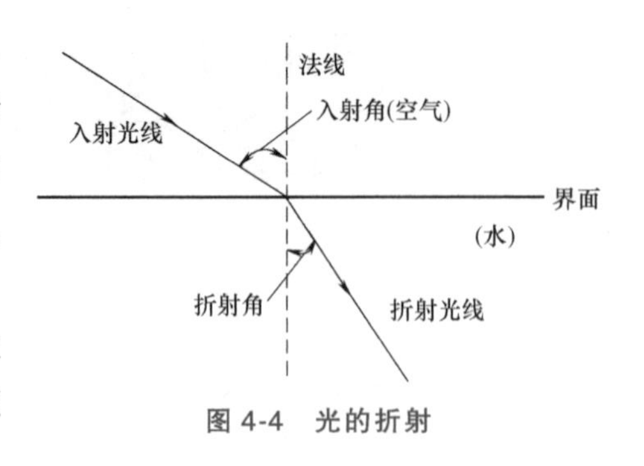

图4-4 光的折射

特性：光的折射与光的反射一样都是发生在两种介质的交界处，只是反射光返回原介质中，而折射光线则进入到另一种介质中。由于光在两种不同的介质里传播速度不同，故在两种介质的交界处传播方向发生变化，这就是光的折射。

注意：在两种介质的分界处（不过有时没有），不仅会发生折射，也发生反射，例如在水或玻璃中，部分光线会反射回去，部分光线会进入水或玻璃中。反射光线光速与入射光线相同，折射光线光速与入射光线不相同。

3. 衍射

衍射，又称绕射，是指波遇到障碍物时偏离原来直线传播方向的物理现象，如图4-5所示。在经典物理学中，波在穿过狭缝、小孔或圆盘之类的障碍物后会发生不同程度的弯散传播，这种现象被称为衍射。

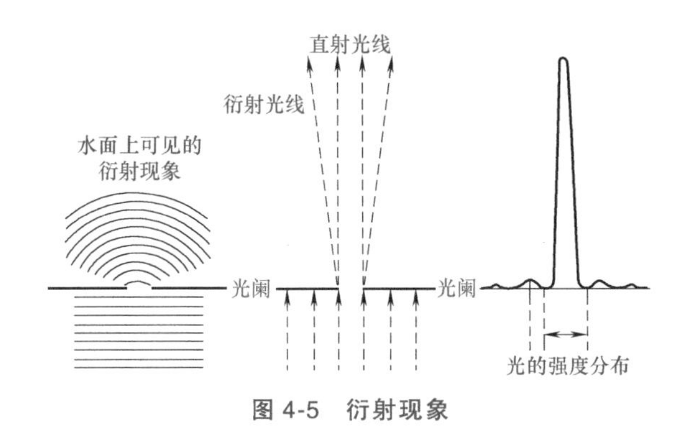

图4-5　衍射现象

4.1.3　色彩

1. 三原色

三原色是指红、绿、蓝三色，人眼对红、绿、蓝最为敏感，大多数的颜色可以通过红、绿、蓝三色按照不同的比例合成产生，如图4-6。同样绝大多数单色光也可以分解成红、绿、蓝三种色光。这是色度学的最基本原理，即三原色原理。

对于不透明物体，该物体对光的反射规律是："反射相同颜色的光而吸收其他颜色的光"，因此当同色光照明到该物体上时，该颜色光被物体反射，在黑白相机下，此物体会呈现比较亮的效果；当其他颜色光，尤其是互补色光，照明到该物体上时，该颜色光被物体吸收，在黑白相机下，此物体会呈现比较暗的效果，见表4-1。利用这种特性，在黑白相机下，可以用亮暗效果区分不同颜色的产品。

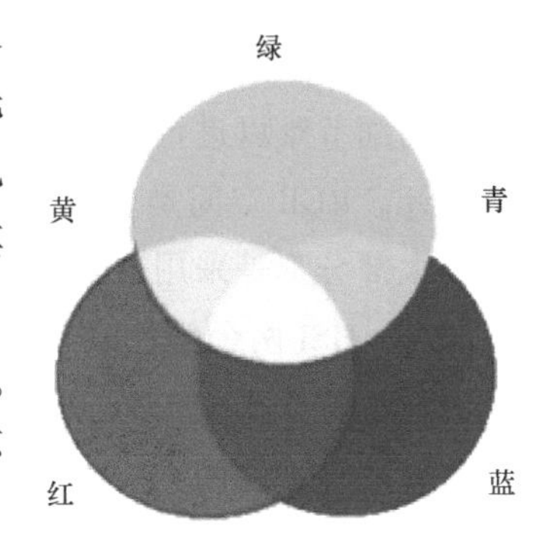

图4-6　光的三原色

为了方便应用，可以把可见光波段的颜色首尾相接组成一个圆环，也就是所谓的色环。色环中，距离比较近的颜色为相近色或者相邻色，关于圆环中心对称的为互补色，离的比较远的为对比色，如图4-7所示。在光照环境中，使用与物体本色相邻或相同的颜色照射，物体在图像中的亮度会相对比较高；反之，如果使用对比色光照，则会使物体在图像中显得比较暗。

表 4-1　互补色关系

颜色组合	混合后颜色	互补色
红色+绿色	黄色	蓝色
红色+蓝色	品红色	绿色
绿色+蓝色	青色	红色

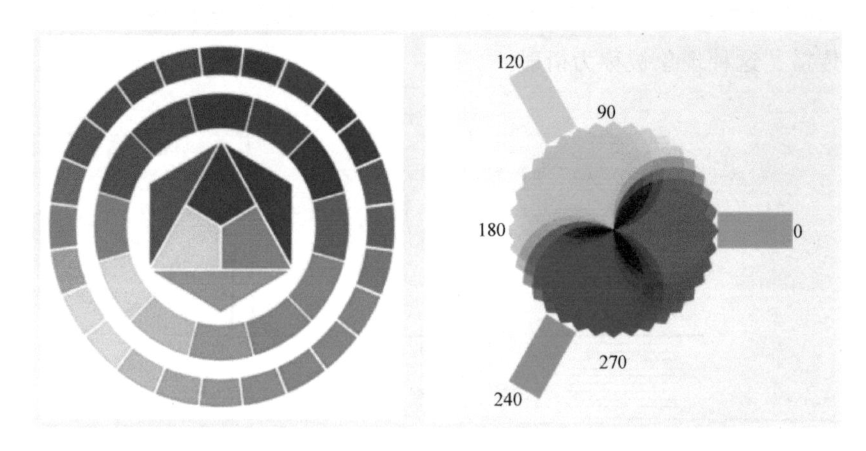

图 4 7　色环

2. 颜色空间

颜色空间也称彩色模型（又称彩色空间或彩色系统），它的用途是在某些标准下用通常可接受的方式对彩色加以说明。颜色空间有许多种，常用有 RGB、CMY、HSV、HSI 等。

RGB 颜色空间是以 R(Red：红)、G(Green：绿)、B(Blue：蓝）三种基本色为基础，依据人眼识别的颜色定义出的空间，三种基色进行不同程度的叠加，可表示自然界中的任何一种颜色，所以俗称三原色模式。但在科学研究中一般不采用 RGB 颜色空间，因为它的细节难以进行数字化的调整，它将色调、亮度、饱和度三个量放在一起表示，很难分开。RGB 空间是生活中最常用的一个颜色显示模型，电视机、计算机的 CRT 显示器等大部分都是采用这种模型。

HSV、HSI 两个颜色空间都是为了更好的数字化处理颜色而提出来的。HSV 是根据颜色的直观特性在 1978 年创建的一种颜色空间，也称六角锥体模型。这个模型中颜色的参数分别是：色调（H)、饱和度（S)、明度（V)。

3. 单通道与多通道

单通道：俗称灰度图，每个像素点只能有一个值表示颜色，它的像素值在 0 到 255 之间，0 是黑色，255 是白色，中间值是一些不同等级的灰色，可以说灰度是黑与白之间的过渡色。

多通道：多通道也就是 RGB 三原色，每个像素点有三个字节来表示（RGB)，最大取值范围都是 0~255，可以组合成千万种颜色。

4.2　光源的作用与必要性

机器视觉系统的核心部分是图像的采集（如何得到一幅好的片）和图像的处理（如何找到最有效率、最准确的算法），所有的信息均来源于图像，图像质量对整个视觉系统极为关键。目前视觉行业中用于图像处理的软件，大多是一些图像处理软件公司所提供的软件包，在处理软件性能差异很微小的情况下，如何稳定、连续地获取好的图片将直接决定系统的稳定性。获取更好的图片的途径：根据工件的特性和现场的环境，通过打光实验，进行准确的光源选择，进而保证获取片的稳定性和连续性。

而在实际项目中，用户经常会遇到各种对项目而言属于干扰的因素，包括下面这几点：

（1）材质　在项目应用中，用户的检测对象材质有可能会发生变化，比如玻璃、陶瓷、金属、塑料、木材等，这些材质的反光特性一般都不一样，这就可能导致本来适用于另一套产品的方案不再适用。以作者经历的项目为例，电梯门板冲压件有两种材质，原定的打光方案对于不锈钢板材质表现效果较好，但后来材质更换为冷压轧后，由于冷轧板反光差，原方案就不再适用了。

（2）产品一致性　检测对象在生产制造的过程中，因为制造工艺的问题而造成产品的一致性不佳，这会使得图像信息发生变化，也就直接导致处理结果的变化。

（3）环境杂光　检测设备所处的位置可能存在外界环境光的干扰，包括环境灯光和太阳光，光的强弱和照射方向的变化都会使得检测效果随着环境光的变化而变化。

所以，综上来说，机器视觉中的光源主要起到如下作用：

1）照亮目标，提高亮度。

2）形成有利于图像处理的效果。

3）克服环境光干扰，保证图像稳定性。

4）用作测量的工具或参照物。

照明系统是机器视觉系统最为关键的部分之一，直接关系到系统设计的成败，其重要性无论如何强调都是不过分的。好的打光设计能够使我们得到一幅好的图像，从而改善整个系统的分辨率，简化软件的运算，而不合适的照明，则会引起很多问题。

通过适当的光源照明设计可以使图像中的目标信息与背景信息得到最佳分离，从而大大降低图像处理的算法难度，同时提高系统的精度和可靠性。截至目前，尚没有一个通用的机器视觉照明设备，因此针对每个特定的案例，要设计合适的照明装置，以达到最佳效果。

一幅好的图像应该具备如下条件：

1）对比度明显，目标与背景的边界清晰。

2）背景尽量淡化而均匀，不干扰图像处理。

3）与颜色有关的还需要颜色真实，亮度适中，不过度曝光。

如图 4-8 所示，上排三幅为图像效果比较差的示例，对比度差将导致目标很难与背景分离，均匀性差会导致很难找到一个全局的灰度判别标准，一致性差会导致目标提取不完整等问题，下排三幅图分别为对比度、均匀性、一致性比较好的情况，这样的效果使图像处理和信息提取都将会很简单、很稳定。

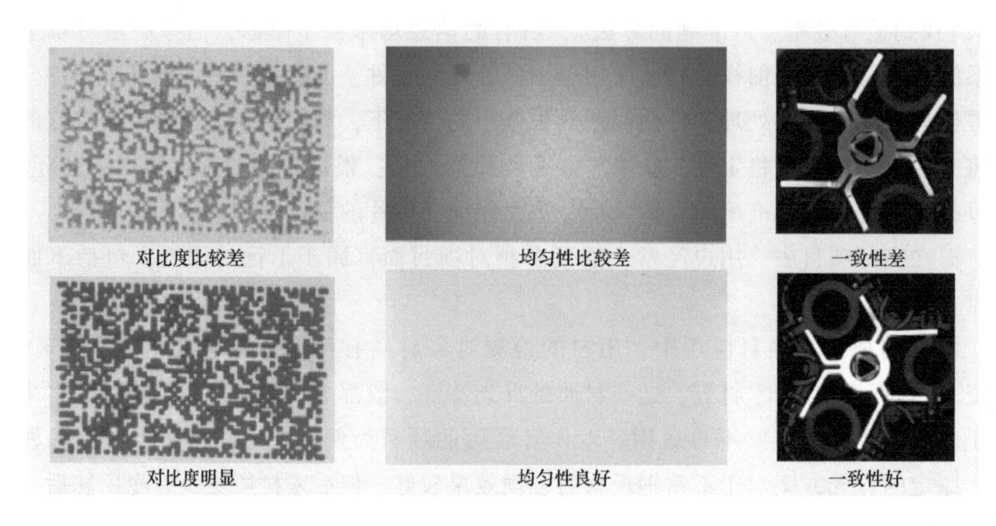

图 4-8 图像好坏对比

4.3 常见光源的类型及打光效果

能够发光的物体称为光源，目前所采用的光源分为两大类：自然光源和人造光源。自然光源主要是指日光，其次还包括星光等，能够有效利用的主要是日光，星光只能用作导航的参照物。

机器视觉常用的一些光源主要有：氙灯、高频荧光灯、光纤卤素灯、LED 灯等。

1. 氙灯（图 4-9）

1）使用寿命约 1000h。

2）优点：亮度高，色温与日光接近。

3）缺点：响应速度慢，发热量大，寿命短，工作电流大，供电安全要求高，易碎。

图 4-9 氙灯

2. 荧光灯（图 4-10）

1）使用寿命约 1500~3000h。

2）优点：扩散性好，适合大面积均匀照射。

3）缺点：响应速度慢，亮度较暗。

3. 光纤卤素灯（图 4-11）

1）使用寿命约 1000h。

2）优点：亮度高。

3）缺点：响应速度慢，几乎没有光亮和色温的变化。

图 4-10　荧光灯

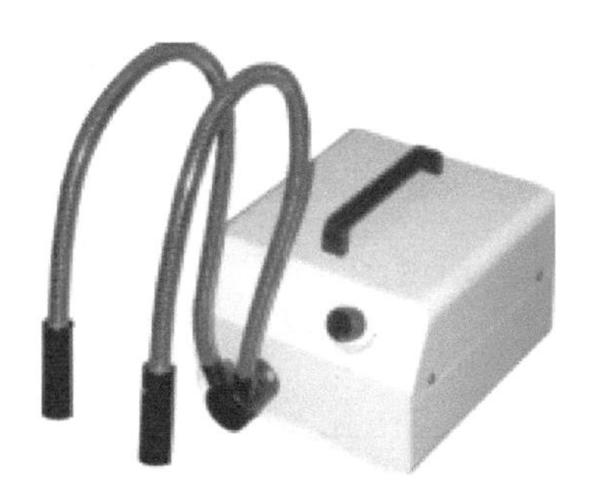

图 4-11　光纤卤素灯

4. LED（图 4-12）

1）寿命约 30000～100000h。

2）可以使用多个 LED 达到高亮度，同时可以组合成不同的形状。

3）响应速度快，波长可以根据用途选择。

图 4-13 所示为几种光源的综合性能对比，可以发现 LED 有如下显著优点：

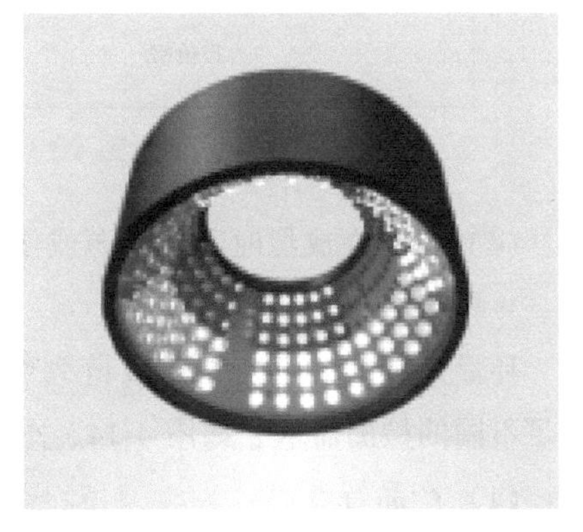

图 4-12　LED

1）可制成各种形状、尺寸及各种照射角度。

2）可根据需要制成各种颜色，并可以随时调节亮度。

3）通过散热装置使散热效果更好，光亮度更稳定。

4）使用寿命长（超过 3 万 h，间断使用寿命更长）。

5）反应快捷，可在 10μs 或更短的时间内达到最大亮度。

6）电源带有外触发，可以通过计算机控制，启动速度快，可以用作频闪灯。

7）运行成本低、寿命长的 LED，会在综合成本和性能方面体现出更大的优势。

8）可根据客户的需求，进行特殊设计。

机器视觉光源使用注意事项：

（1）在高温环境下使用 LED 会缩短其寿命

1）红色 LED 的温度每提升 1℃，亮度将减弱 1%。

2）在高温下长时间使用将逐渐老化并削减亮度。

（2）用尽量低的亮度等级使用光源。

（3）可安装风扇或提供空气流以散热或安装散热性强的托架，降低温度以减缓亮度的衰减。

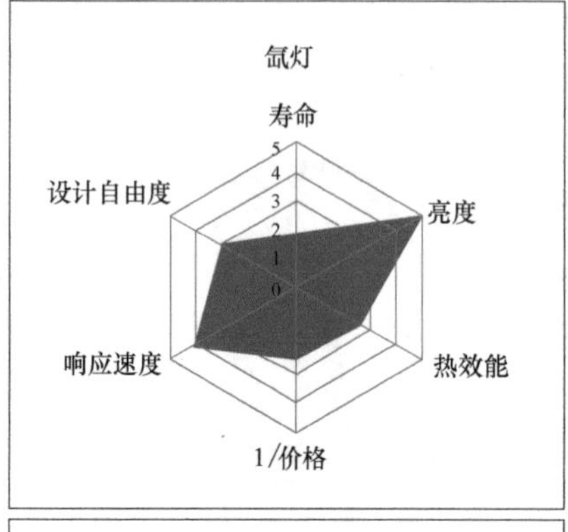

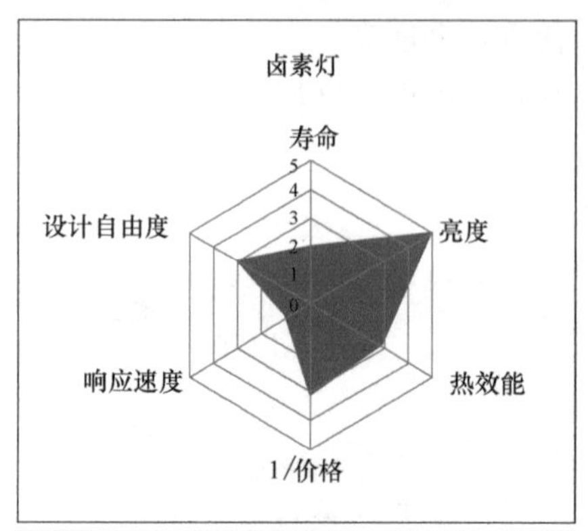

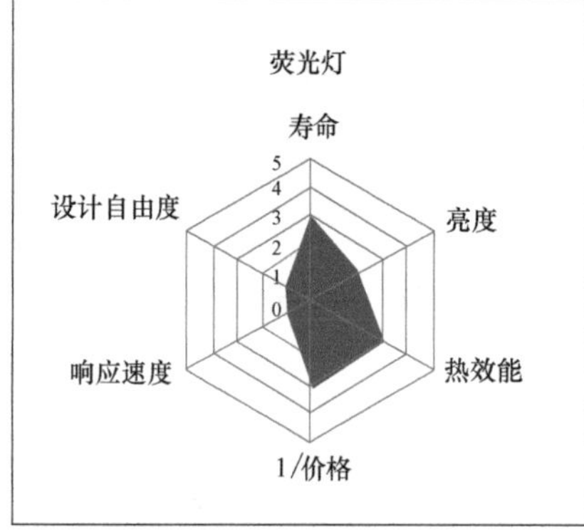

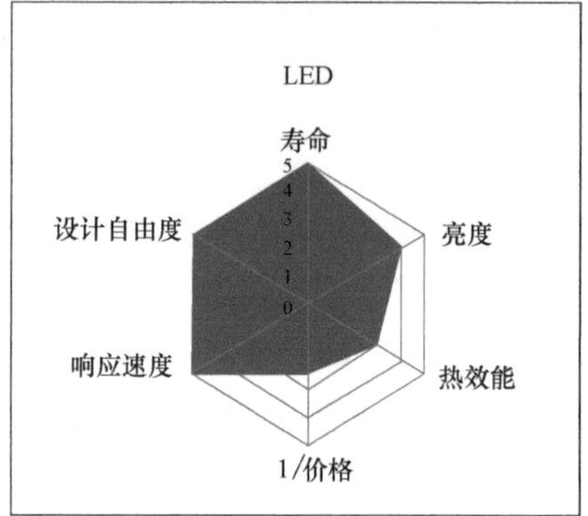

图 4-13　视觉常用光源性能对比

（4）可只在成像时开启光源或使用频闪控制器进行配套。

1. 环形光（环形无影光）

环形光源是由高亮度 LED 阵列经过特殊设计而成的光源，有多种角度和尺寸，以满足不同的检测需求，如图 4-14、图 4-15 所示。

（1）产品特点

1）环光角度多样且可以定制。

2）安装简单，设计紧凑。

3）高密度 LED 阵列，亮度高。

4）可选配漫射板，以适应不同的需要。

图 4-16～图 4-21 是环形光的打光效果。

图 4-14　环形光

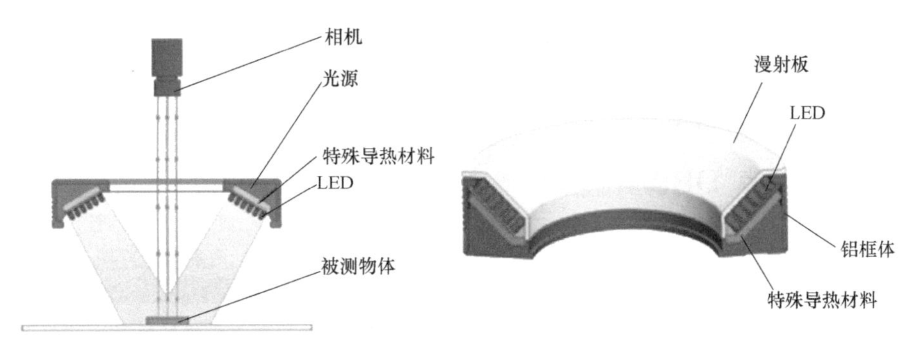

图 4-15　环形光打光示意和结构

图 4-16　五金零件字符识别，突出字符，提高与背景的对比度

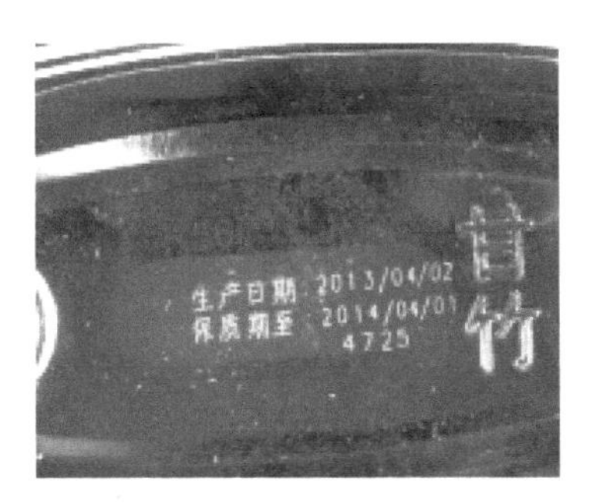

图 4-17　罐头生产日期识别，使背景变暗，突出白色日期字符

图 4-18　二维码标签识别，将二维码清晰突出，有利软件识别

环形无影光源采用特制的漫射板，从 LED 发出的光都被有效地利用，实现了高亮度、高均匀性的照明效果。

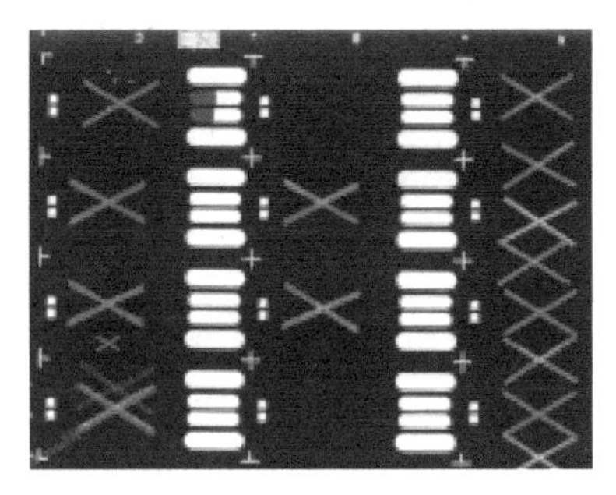

图 4-19　印刷缺失检测，工作距离要求高，照射须均匀，无反光对比性好

115X DBP

图 4-20　金属件字符检测，产品为银白色金属件，工作距离要求高，反光严重

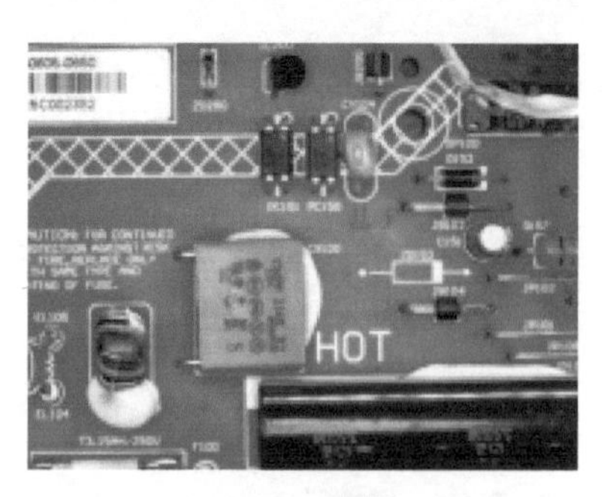

图 4-21　表面字符检测，照射面积比较大，须均匀

（2）明视场与暗视场（图 4-22）

图 4-22　明视场与暗视场

1）典型的照明案例——高角度正光。高角度照射，表面平整部位反光比较容易进入镜头，图像亮度较高，不平整部位反光杂乱，部分光线进入不到镜头，图像亮度较低，这样就比较容易形成明视场，如图 4-23、图 4-24 所示。

图 4-23　高角度正光效果

主要应用：表面细微划伤检测、打标字符检测与识别、表面异物检测、边缘尺寸测量、定位、冲压、浇注字符图案监测与识别等项目。

a）优点：效果明显，细节清晰。

b）难点：均匀性调节有一定难度。

c）常用光源：高角度环形光、条形光、面光源、同轴光、点光。

注意：正面高角度打光的均匀性调节有一定的难度。成像的效果靠的是反光特性，不同材质的物体，反光特性差异很大。

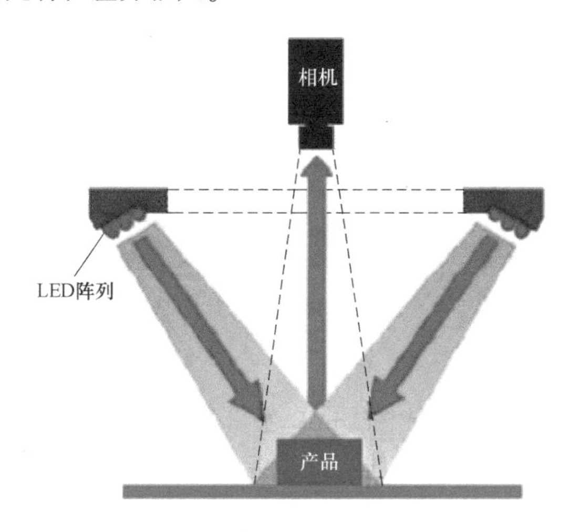

图 4-24　高角度正光打光原理

2）典型的照明案例——低角度正光。低角度照射，表面平整部位反光无法进入镜头，图像亮度较低，不平整部位反光杂乱，部分光线可以进入镜头，图像亮度较高，这样就比较容易形成暗视场，如图 4-25、图 4-26 所示。

主要应用：表面划伤检测、打标字符检测与识别、表面异物检测、边缘尺寸测量、定位、倒角测量、冲压、浇注字符图案监测与识别等项目。

① 优点：便于安装、效果稳定。

② 缺点：透明物质、表面划伤边缘起毛的物体效果不明显，有些情况下现场要求光源必须处于一定高度之上，则会影响效果。

③ 常用光源：条形光、线形光、低角度环形光等。

图 4-25　低角度正光

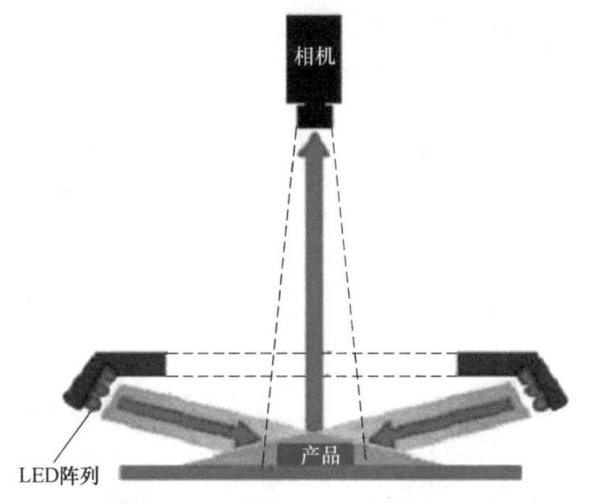

图 4-26　低角度正光打光原理

2. 方形无影光

方形无影光采用独特的照射结构，LED 发出的光经过特殊光学材料均匀照射，同时采用柔性线路板以 90°照射角度固定，经折射后照射在被测物体上，对目标区域进行高效、均匀照明，主要应用于检测物体需要均衡的表面照明并且要避免反光或耀斑的场合，如图 4-27、图 4-28 所示。

图 4-27　方形无影光

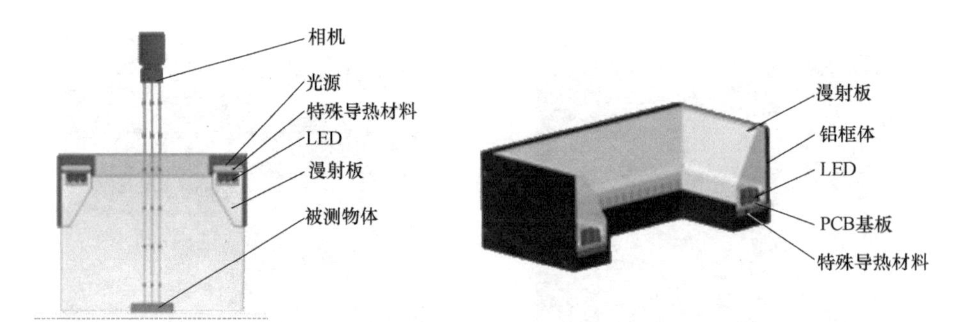

图 4-28　方形无影光打光示意和结构

产品特点：

1）LED 垂直分布。

2）均匀性好，亮度高。

3）常应用在被测物体需要均衡的表面照明并且要避免反光或耀斑的场合，如图 4-29 所示。

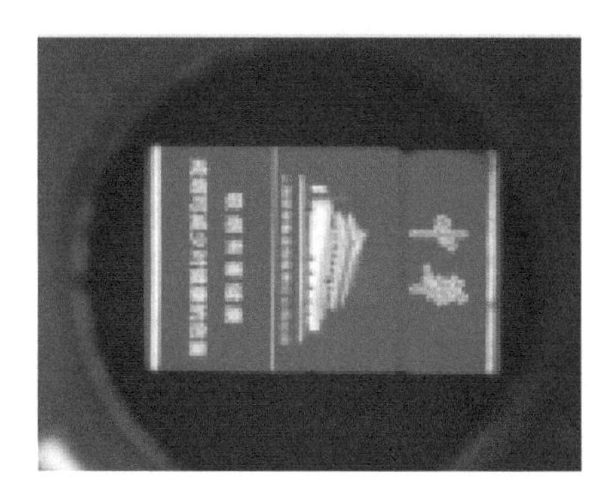

图 4-29　烟盒表面图案检测，采用方形无影光照明，使图像表面反光，图案清晰可见

3. 条形光（条形组合光）

条形光采用铝合金一体成形设计，产品精度高、一致性好，具备良好的散热效果，并有多种灵活的安装方式，便于安装与使用，如图 4-30、图 4-31 所示。

图 4-30　条形光

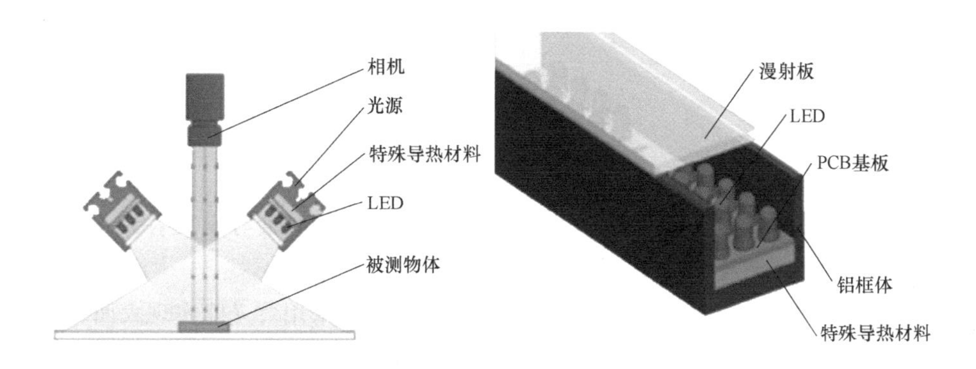

图 4-31　条形光打光示意与结构

（1）产品特点

1）采用 LED 阵列设计，亮度高。

2）铝合金一体成形设计，散热好。

3）多种安装方式，角度灵活，方便安装。

4）一般成对使用。

5）多用于矩形物体和对照射角度要求较高的场合。

判断注射液有无，采用高亮度条形光源照射，使背景变黑，突出注射液边缘轮廓，有利于软件判断有无。如图 4-32 所示。

钢板字符识别，采用高亮条形光源低角度斜面照射，使字符清晰可见。如图 4-33 所示。

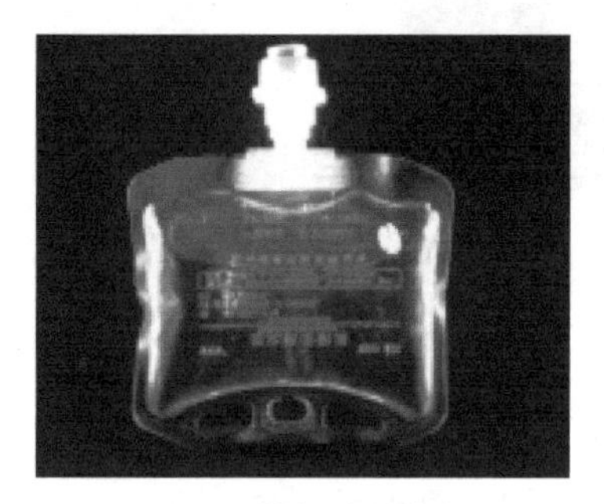

图 4-32　判断注射液有无

图 4-33　钢板字符识别

（2）条形组合光　条形组合光是由多根条形光自由组合成，可自由调节每根条形光的角度，实现不同的效果（图 4-34）。

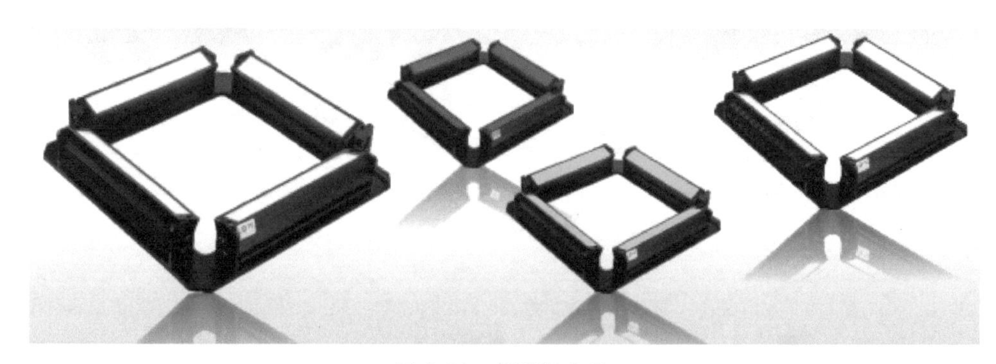

图 4-34　条形组合光

4. **背光**（回形/环形背光）

采用铝合金一体成形设计，多颗灯珠阵列，亮度较高，表面有漫反射板，光源均匀性较好，如图 4-35、图 4-36 所示。

贴膜轮廓检测，视野面积大，正面光难以均匀照射，采用背光能实现大面积均匀照射。如图 4-37 所示。

锂电池薄膜检测，采用背光照射加上偏振膜，突出正极，提高背景对比度。如图 4-38 所示。

雪碧饮料瓶液位检测，采用背光照射，使饮料瓶液位轮廓清晰可见。如图 4-39 所示。

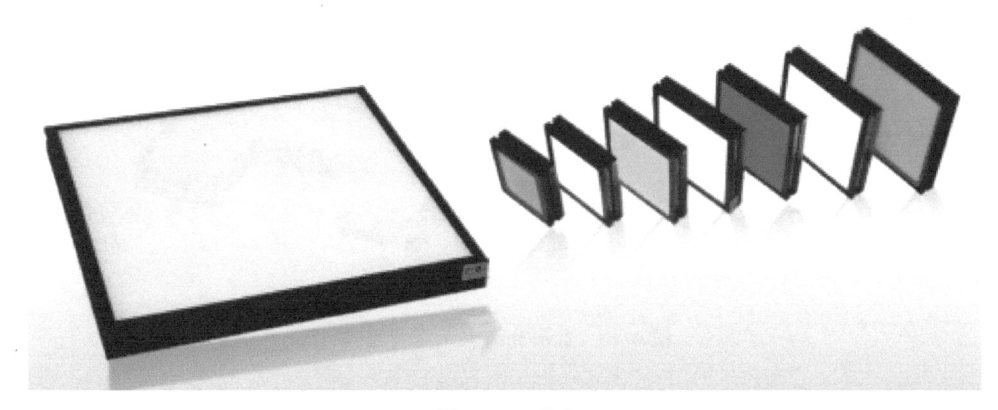

图 4-35　背光

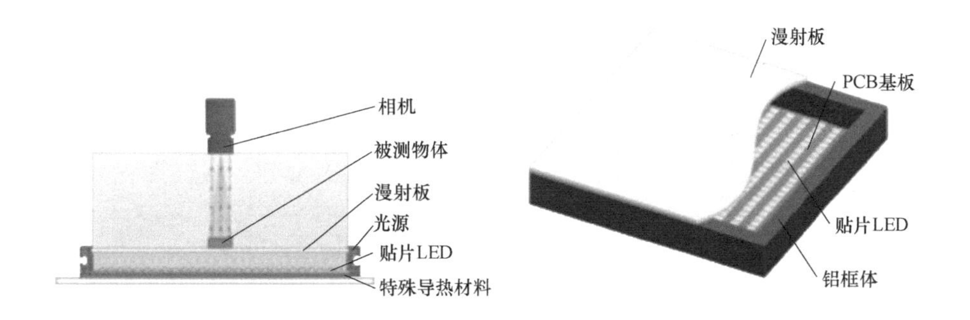

图 4-36　背光打光示意与结构

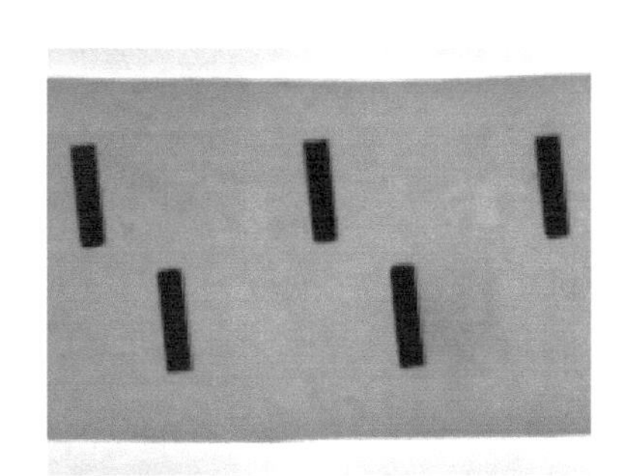

图 4-37　贴膜轮廓检测

图 4-38　锂电池薄膜检测

回形/环形背光是由 LED 阵列分布于光源底部，经过优化设计成回形或环形的结构，发出的光经过特殊扩散板后形成均匀的背光，可用于测量四侧外形轮廓或检测大尺寸 PCB 板字符。亦可作为前向光照明使用，如图 4-40 所示。

外壳边检测，发动机外壳比较大，回形背光属垂直光，能很好地将边界特性对比出来。如图 4-41 所示。

图 4-39　饮料瓶液位检测

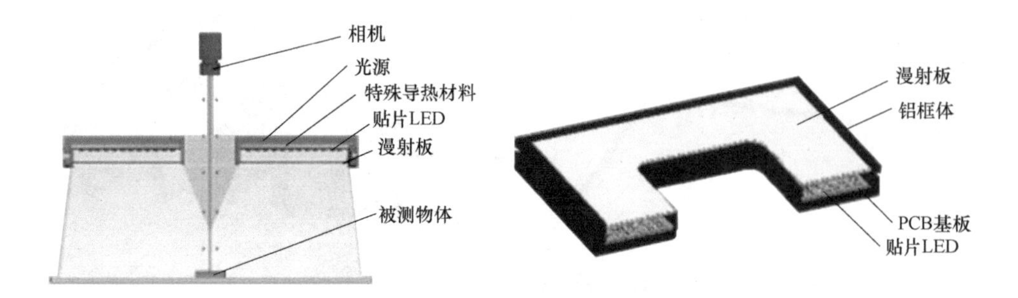

图 4-40　回形光打光示意与结构

手机壳边检测，要求的照射面积比较大，壳边有微弱的变形，一般的均匀光照射面积偏小。如图 4-42 所示。

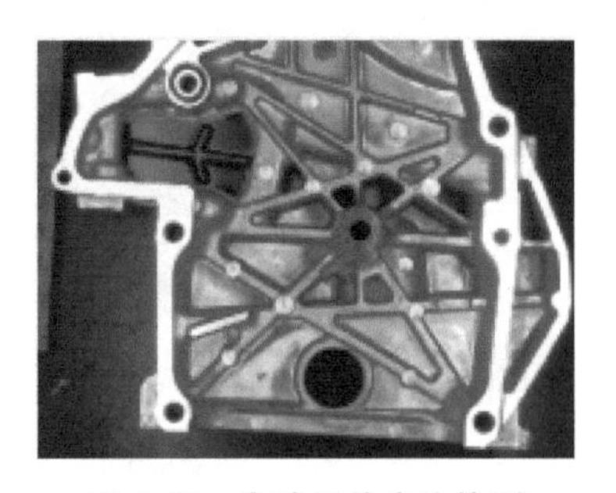

图 4-41　发动机外壳边检测

图 4-42　手机壳边检测

鞋底轮廓检测，正面照射需解决边缘阴影问题，根据产品形状选择回形背光，亮度与均匀性为最佳。如图 4-43 所示。

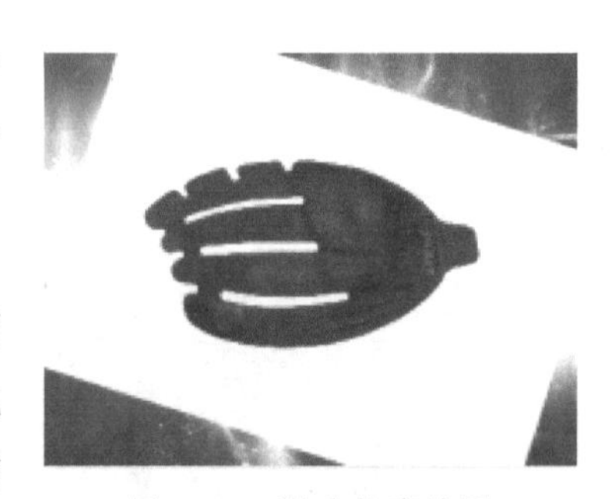

图 4-43　鞋底轮廓检测

5. 同轴光（同轴平行光）

同轴光源主要由高密度 LED 和光学镜片组合而成。LED 发出的光经过半透镜以后，与 CCD 和相机在同一轴线上，可以有效消除图像的重影，适合光洁物体表面划痕的检测，如图 4-44、图 4-45 所示。

图 4-44　同轴光

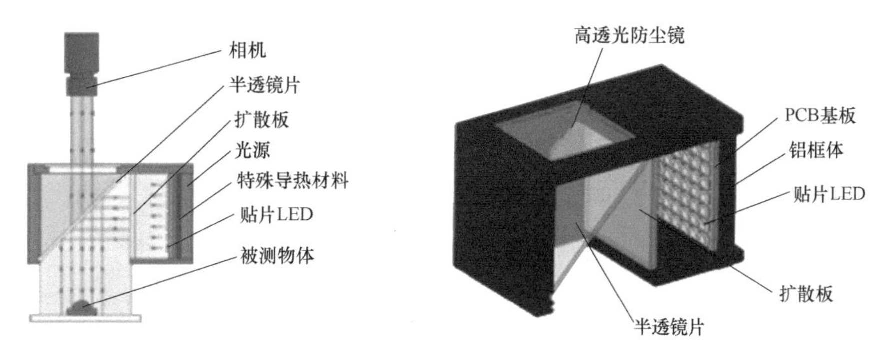

图 4-45　同轴光打光示意与结构

饮料瓶口缺陷检测，同轴光源均匀照射，从图像中可以清晰看见瓶口有缺陷位置变黑。如图 4-46 所示。

巧克力视频图案检测，采用同轴光照射，消除表面图案反光，使图案清晰可见。如图 4-47 所示。

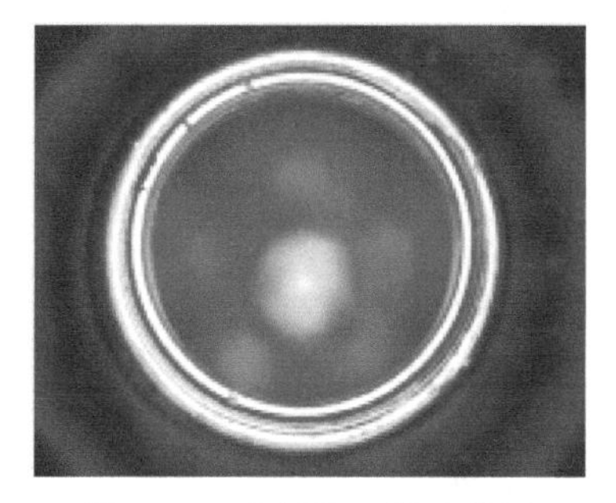

图 4-46　饮料瓶口缺陷检测

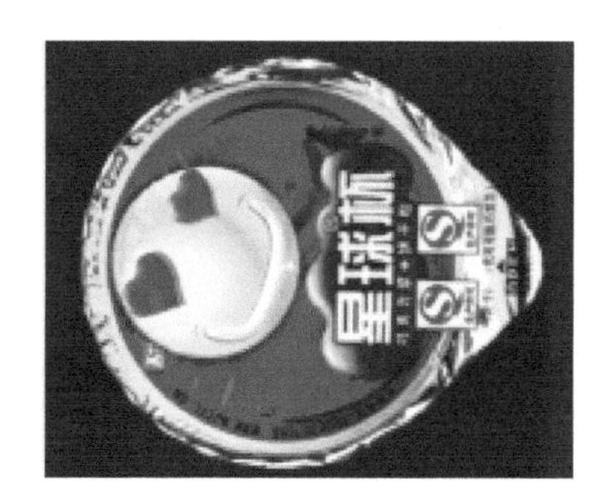

图 4-47　巧克力视频图案检测

固晶 LED 基座定位，检测 LED 基座效果图，清晰可见内纹理有无缺口及污点。如图 4-48 所示。

图 4-48　固晶 LED 基座定位

同轴平行光源：同轴平行光源采用大功率高亮 LED，通过特殊聚光透镜配光，实现光束平行的效果。能清晰的检测反光表面的划痕、缺口等缺陷，比普通同轴光平行性更好，如图 4-49、图 4-50 所示。

图 4-49　同轴平行光

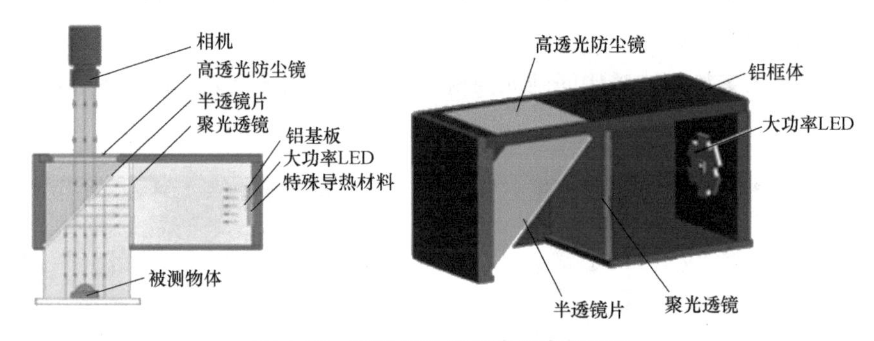

图 4-50　同轴平行光打光示意与结构

6. 圆顶光

圆顶光（也称碗光、穹顶光）是一种高均匀性的光源，LED 发出的光经过球面漫反射后形成均匀的光线，适合检测表面反光、起伏不平的物体，如图 4-51、图 4-52 所示。

仪表盘刻度检测，使用圆顶光照射，使仪表盘表面无反光，刻度清晰可见。如图 4-53 所示。

易拉罐字符检测，易拉罐底部是弧面，圆顶光均匀照射解决背景反光问题。如图 4-54 所示。

图 4-51　碗光

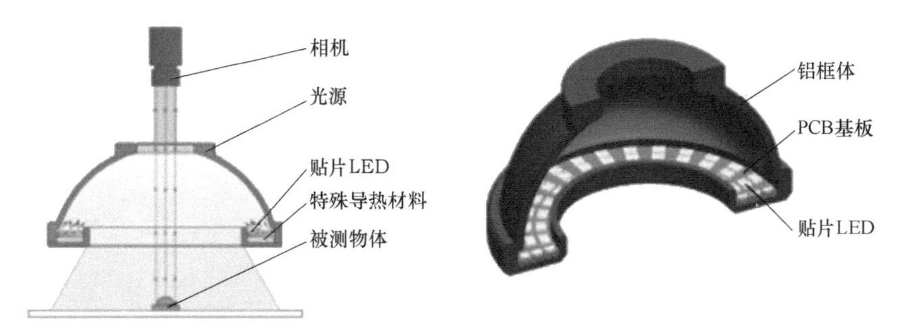

图 4-52　碗光打光示意与结构

图 4-53　仪表盘刻度检测

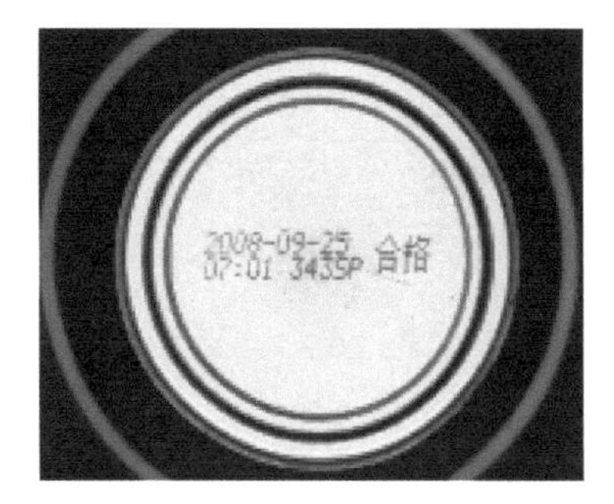

图 4-54　易拉罐字符检测

板蓝根包装袋的生产日期识别，采用圆顶光均匀照射，消除表面反光及不平整，以突出生产日期效果。如图 4-55 所示。

图 4-55　板蓝根包装袋的生产日期识别

环光与碗光照射包装袋效果对比如图 4-56 所示。

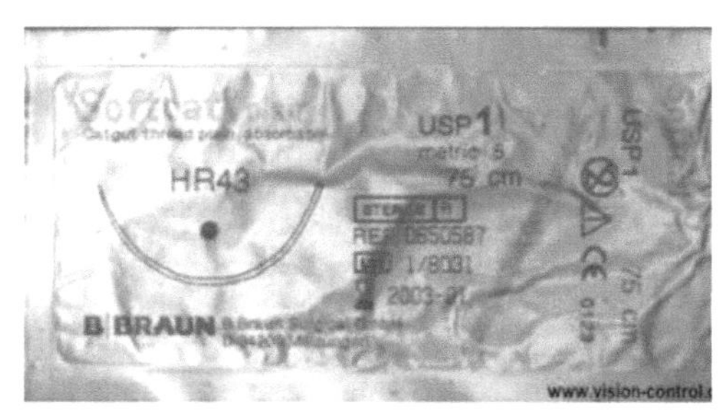

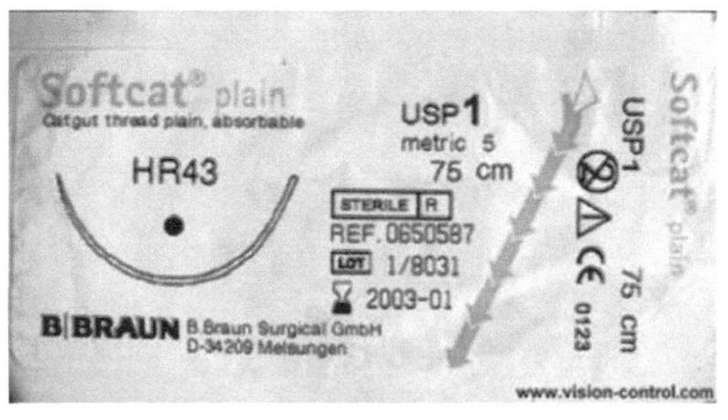

图 4-56　环光与碗光照射包装袋效果对比

7. 点光源

高亮点光源是利用大功率 LED 通过光学透镜聚焦后发出平行光的原理研制而成的，与传统的光纤卤素灯相比具有亮度恒定、色度均匀、使用寿命超长等特点。顶端直径为 8mm，体积小，散热性能好，如图 4-57、图 4-58 所示。

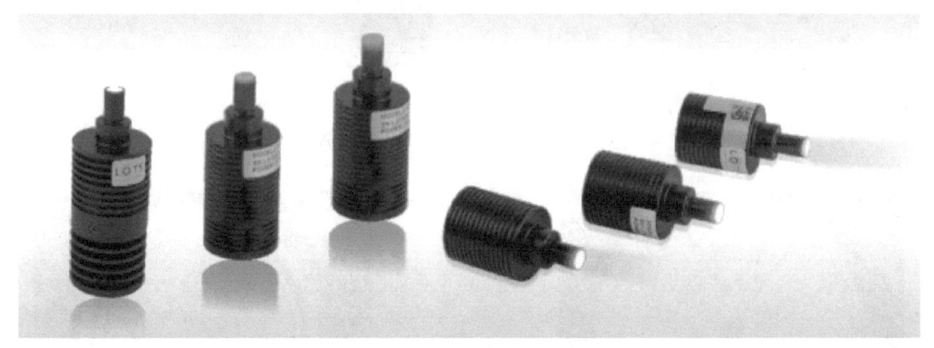

图 4-57　点光源

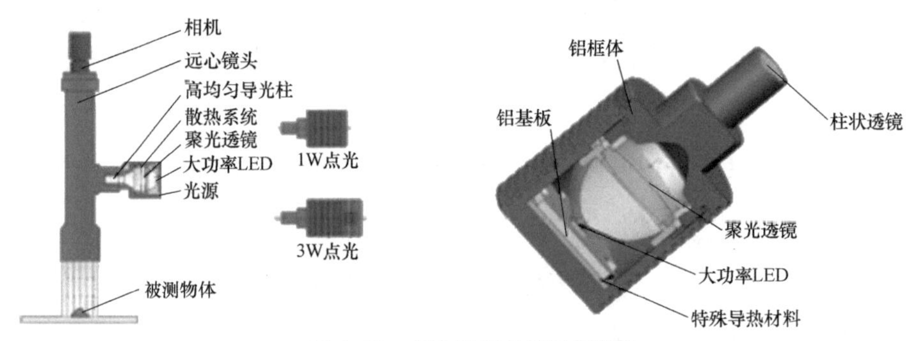

图 4-58　点光源打光示意与结构

其特点如下：

1）大功率 LED，高亮度，高均匀色度。

2）采用柱状透镜。

3）配套显微镜头、远心镜头使用。

手机屏幕隐性电路检测，采用高亮点光配套远心镜头照射，使电路清晰可见。如图 4-59 所示。

晶元缺陷检测，采用高亮点光配套远心镜头照射，检测晶元缺陷。如图 4-60 所示。

图 4-59　手机屏幕隐性电路检测

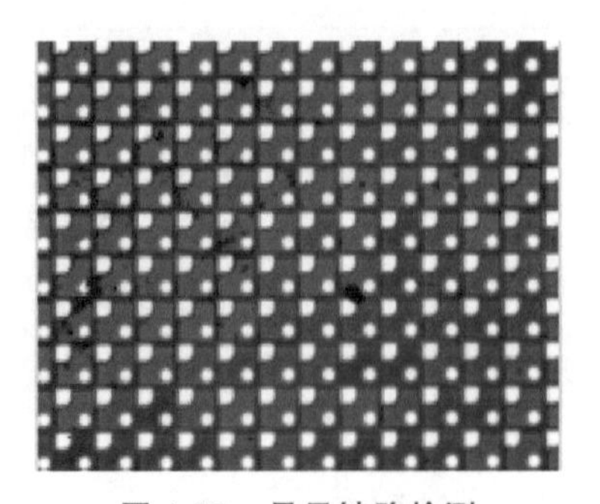

图 4-60　晶元缺陷检测

8. 平行集光

平行集光是采用大功率灯珠，利用聚光透镜将通过扩散板的光线汇聚成均匀的光束，光线的方向性和平行性好，可远距离使用，也可以做背光或远距离打光的光源，如图 4-61～图 4-64 所示。

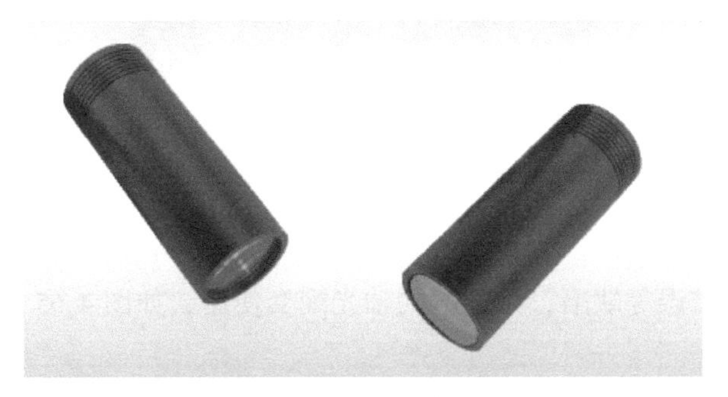

图 4-61　平行集光

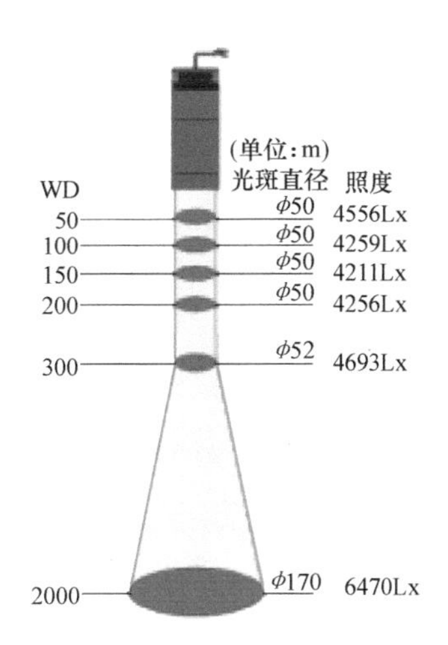

图 4-62　照射距离与光斑大小和照射强度的关系

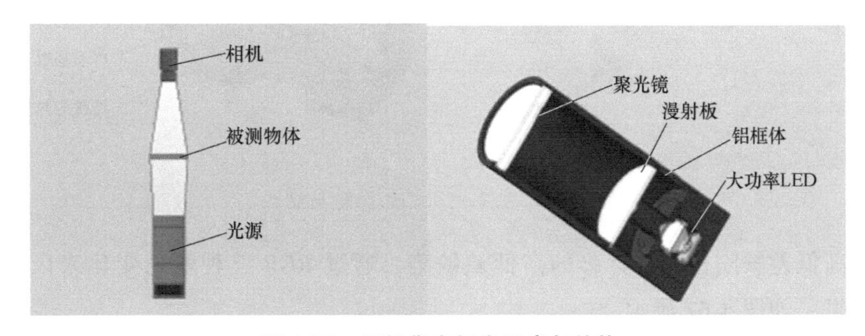

图 4-63　平行集光打光示意与结构

9. AOI 光

AOI 专用光源，采用 RGB 三色高亮度 LED 阵列而成，以不同角度及不同颜色照射物体，以突显出物体的三维信息，检测 PCB 板漏件、错件、偏斜、漏焊、虚焊、多锡、

图 4-64　塑胶壳划痕检测，远距离照射光线集中，亮度高，光束指向性好，所拍摄的细微划痕清晰可见

无锡、桥接、极性错误等缺陷，可选配同轴光配套使用，如图 4-65、图 4-66 所示。

图 4-65　AOI 光源

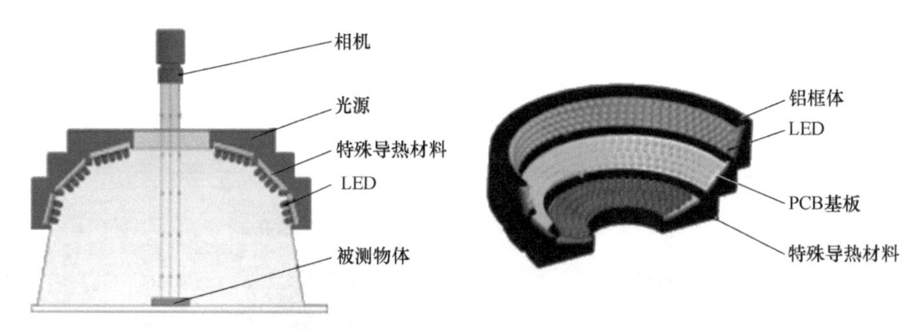

图 4-66　AOI 光源打光示意与结构

针脚高低差缺陷检测，针脚的高低差缺陷，通过 RGB 三种颜色变化来区分，可以有好的效果。如图 4-67 所示。

金属焊锡缺陷检测，金属焊锡缺陷，通过 RGB 三种颜色变化来区分，可以有好的效果。如图 4-68 所示。

10. 折射光应用

结构描述：折射光的光源置于待检工件下方或者一侧，如图 4-69 所示，直射光线

图 4-67　针脚高低差缺陷检测

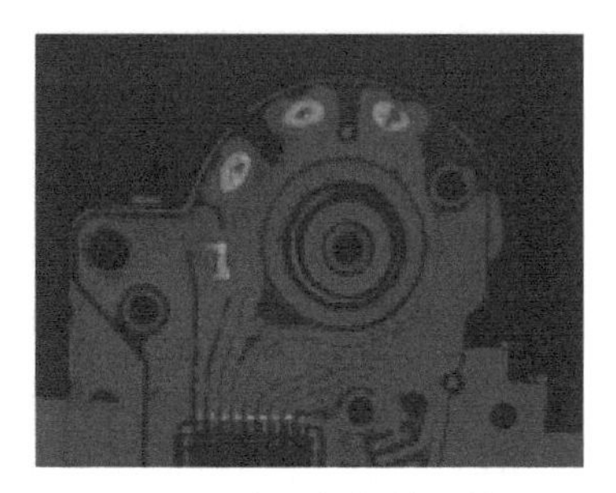
图 4-68　金属焊锡缺陷检测

从一平整表面透射进入工件内部并从另侧透出，在表面比较平整的位置，光线会沿着一致的方向射出，与表面不平行的位置，光线经折射会照向其他方向。如果表面有规则的形状变化，则光线沿着垂直于平整表面的方向射出。平整位置光线可以直接进入镜头，相对亮度比较高；与表面不平行的位置光线被折射转向，进入不了镜头，相对亮度比较低。如果表面比较平整，只是粗糙程度不同，则可以采取图 4-69 右侧所示的结构，光

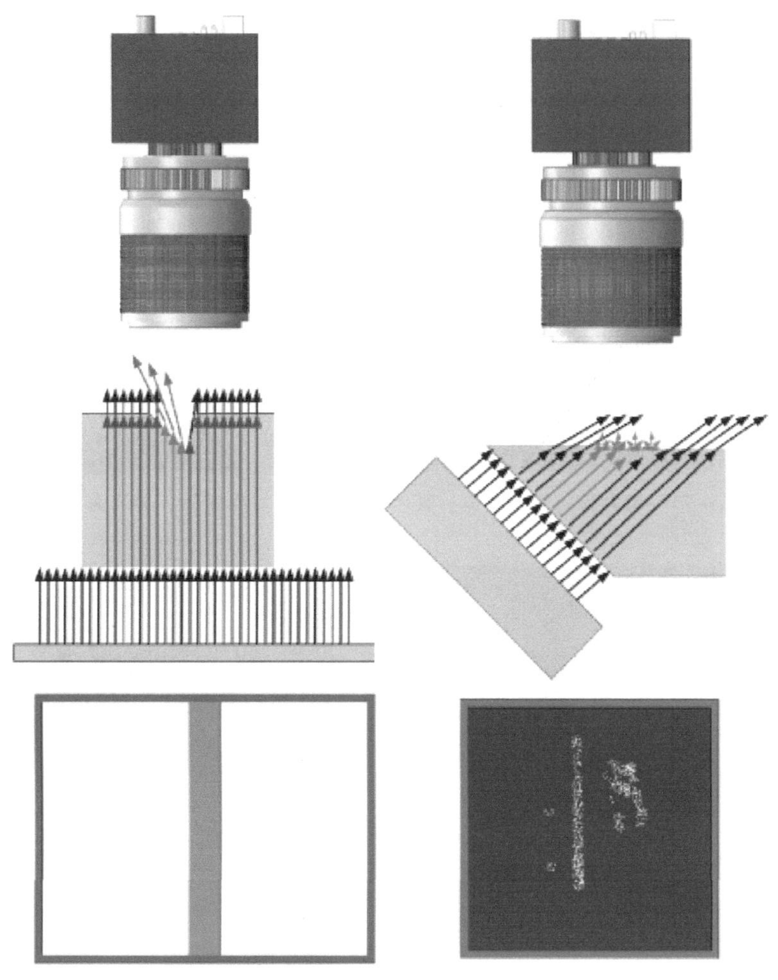
图 4-69　折射光的应用

线从背部倾斜射到待测表面，选取适合方向照明，透射光恰好不能进入镜头，在图像中显示相对亮度就比较低，表面比较粗糙的地方，形状分布比较广泛，出射光几乎均匀的发散到各个方向，总会有一部分光线进入镜头，在图像中相对亮度就会比较高，如图4-70～图4-72所示。总之，通过以上两种方法，可以区分透明体表面的形状差异。另外很明显，如果透明体内部有异色杂质等，同样可以根据这些方法解决。

对于渐变的表面，以上方法可能会无能为力，可以采取表面带有标准图案的面状光源从内部照射，如果表面有形状变化或者工件本身厚度有变化，则标准图形在图像中会有畸变，如图4-73所示，一般使用的图案包括LED点阵、透明标定板、光栅等。

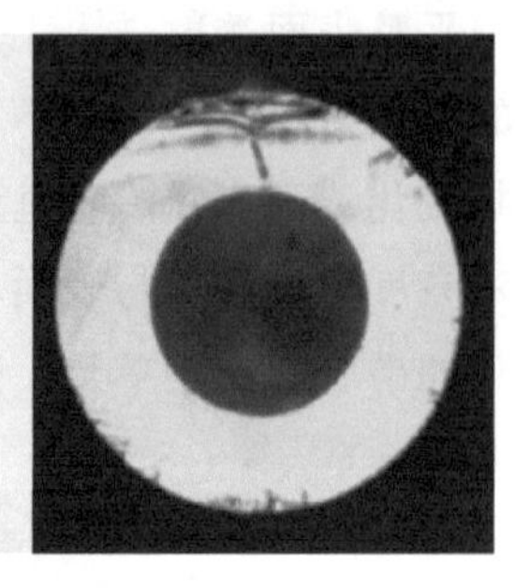

图4-70　玻璃管截面平整度检测，平整区域为白色，不平整区域为黑色

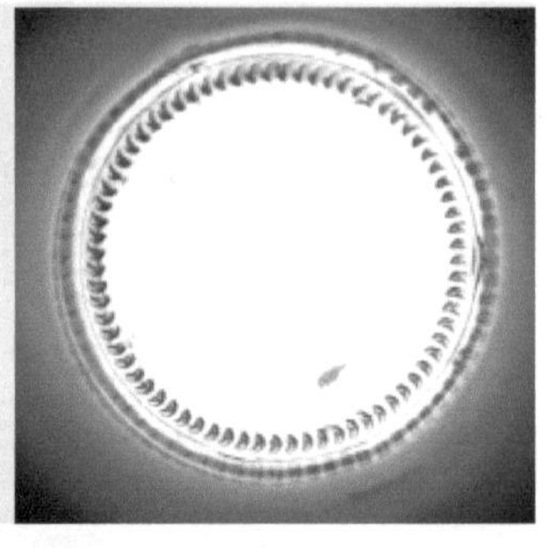

图4-71　啤酒瓶防滑轮定位，光线通过防滑点发生偏转，显示为黑色

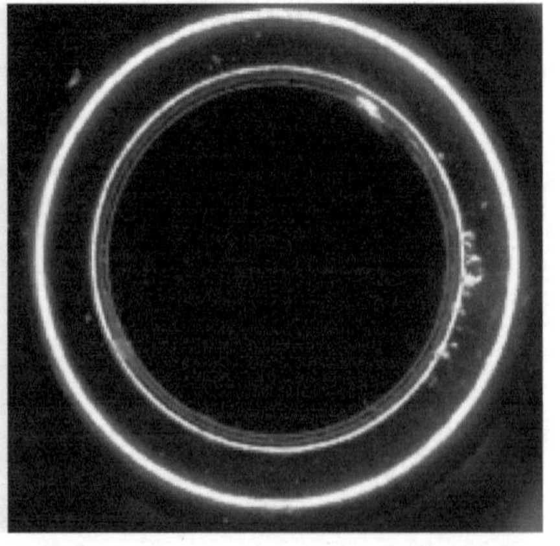

图4-72　玻璃瓶口碰伤检测，碰伤区域形状杂乱，总会有光线折射进入镜头显示为白色斑点

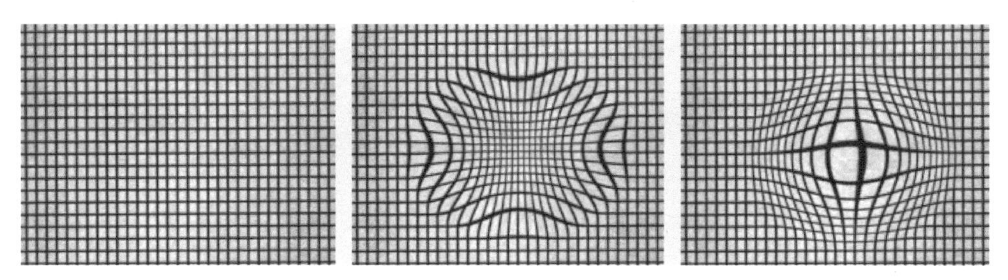

图 4-73　透明玻璃板观察标准图像，玻璃表面凹凸不平将导致图像局部发生畸变

4.4　光源颜色的选择

与物体表面自然色相同或相近颜色的光照射到物体上之后，光谱反射比比较高；互补色照射则光谱反射比较低，利用这一原理可以实现加强图像效果、过滤背景干扰的目的，如图 4-74～图 4-76 所示。

图 4-74　瓶盖喷码检测

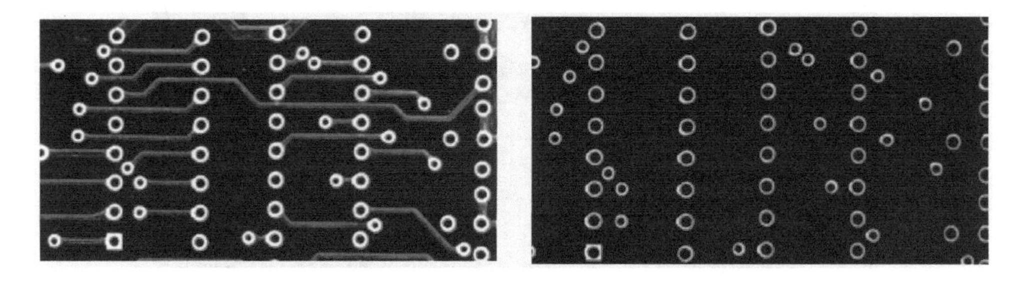

图 4-75　电路基板焊盘定位，孔位银色，线路为黄色，左图为红色光，右图为蓝色光

彩色相机，白光

黑白相机，白光

黑白相机，红光

黑白相机，蓝光

黑白相机，绿光

图 4-76　彩色 logo 在不同颜色光照下的效果

不同的物质，其化学成分不一样，因此当光线照射在物体表面的时候，不同波长的光子会不同程度地被吸收和散射，宏观上表现为不同颜色的光，光谱反射比不一样，图 4-77 所示为金、银、铜、铝四种最常见的金属在可见光和近红外波段的光谱反射比。从图 4-77 中可以看出，对于波长比较长的光，四种物质光谱反射比都比较高，而对于波长比较短的光，铝和银的光谱反射比远远高于金和铜，根据这种显著差异，选择短波段的光照射，可以明显区分不同的物质，如果工件恰好由其中两种差异比较大的金属组成，检测目标又是其中的一种，即可利用这一方法。

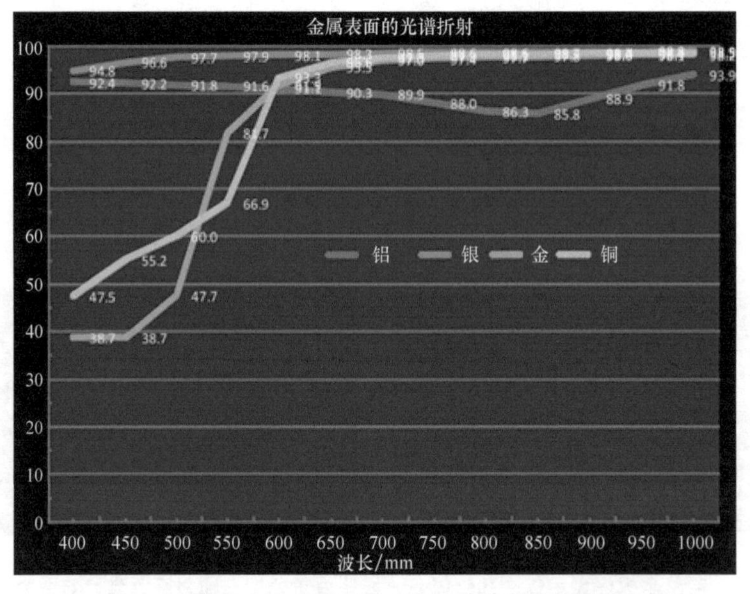

图 4-77　金、银、铜、铝在可见光和近红外波段的光谱反射比

图 4-78 所示工件为电路板的转接结构，下部为铜材质的接触片，上部为镀银的弹片，检测目标为上部弹片前伸的长度，在自然光照射下所有金属都发白，底部接触片对检测形成严重干扰，图像处理几乎无法进行，用蓝色光照射时，底部接触片转为黑色，形成图 4-78 所示的良好效果。

图 4-78 蓝色光对电路板部件的检测

在图 4-79 中，需要对金属涂层的表面检测，产品为铜导线上涂的银涂层，根据金属表面的光谱反射比不同，铜、银金属针对波长 500nm 以下的光的光谱反射比呈现明显的区别，故选用蓝色光源。

红光　　蓝光

图 4-79 分别为红光和蓝光的照射效果

1. 红外光应用

视觉系统主要应用的红外光处在近红外波段，常用的 LED 波长有 850nm 和 940nm 两种，其中 850nm 波长的 LED 制成的灯部分人可以略微看到显红色，940nm 波长的 LED 制成的灯人类完全看不到颜色。红外波段光，波长比较长，透过有机材质的能力比较强，此功能经常用于透过比较薄的塑胶观测。红外光应用如图 4-80～图 4-84 所示。

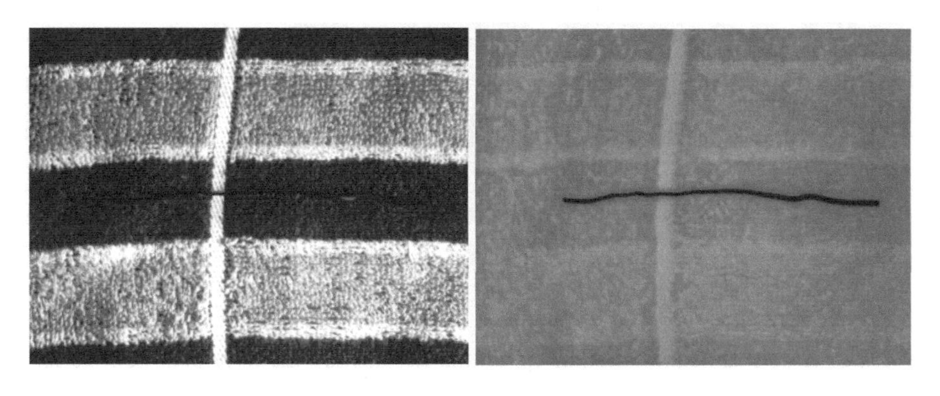

图 4-80 红外光背光方式照射，检测织物中的金属

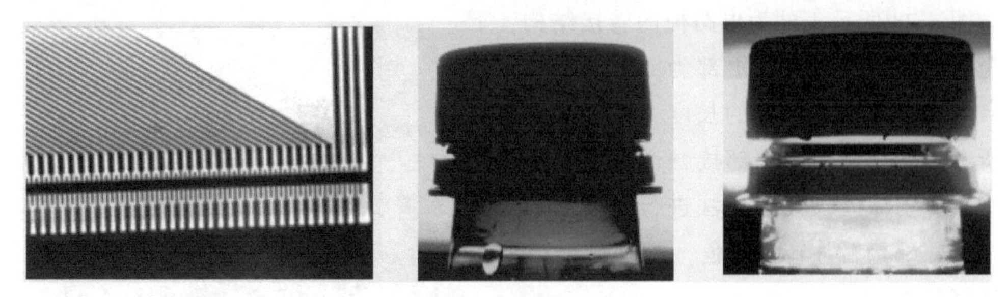

图 4-81 红外光对塑料材质有较强的透射性（包括黑色的）

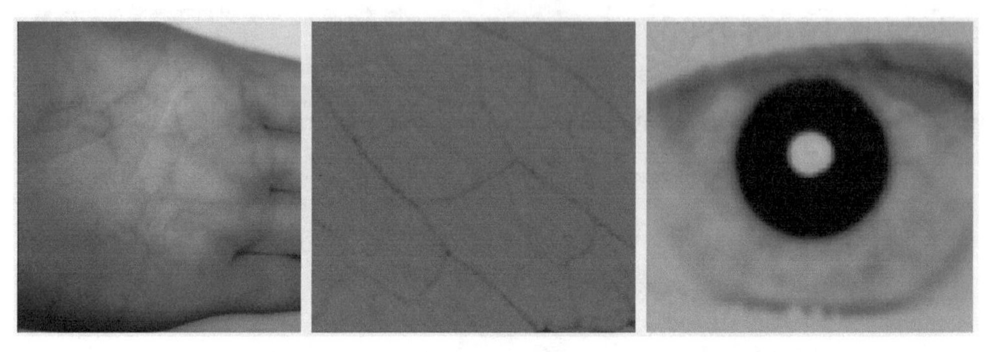

图 4-82 红外光可以穿透皮肤显现血管，瞳孔对红外光反射较强

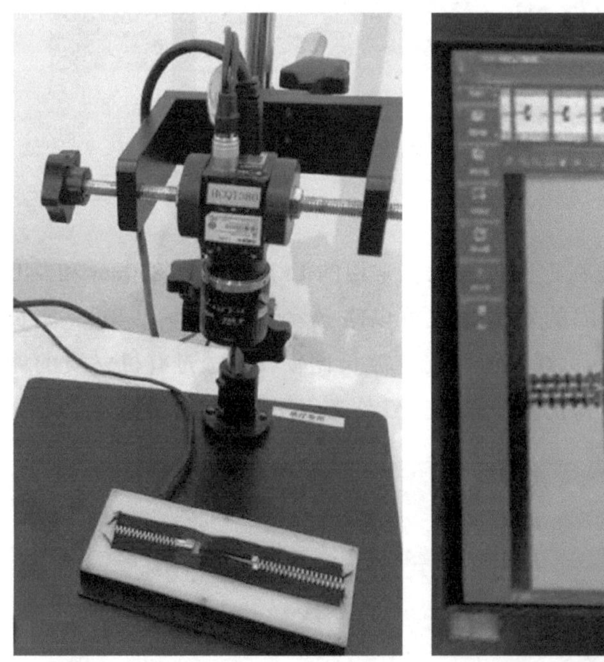

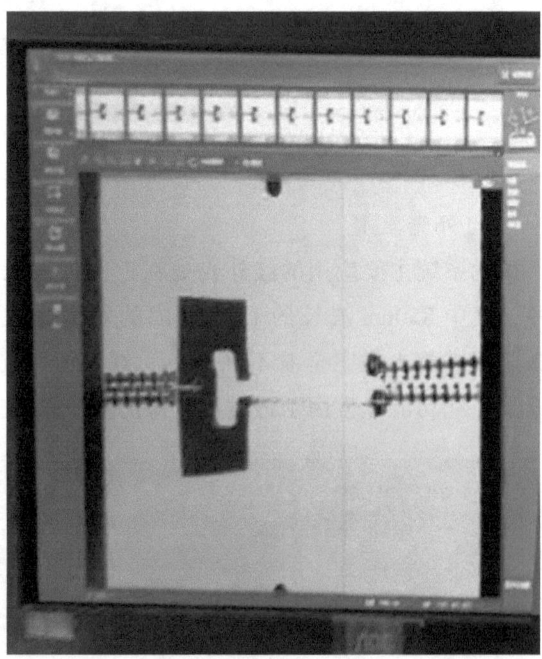

图 4-83 红外光检测金属拉链链齿

2. 紫外光应用

紫外光在视觉中常用的有 385nm 和 365nm 两个波段，波长较短的紫外线对人体有伤害，同时容易造成物质发生光化学变化而变质，因此在食品加工行业有些工位会禁止

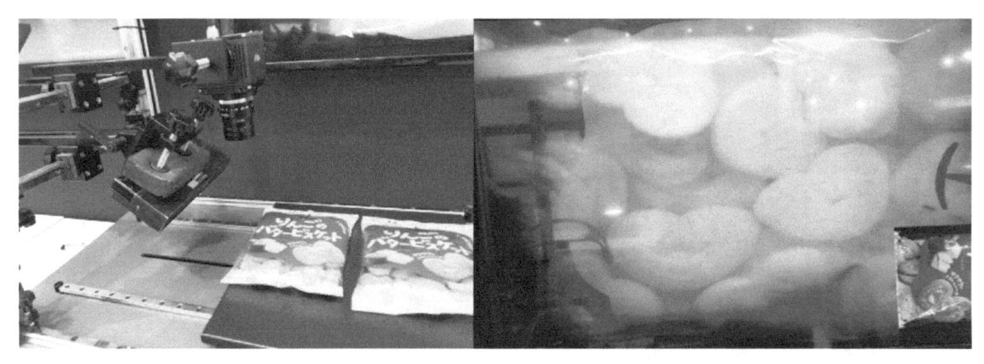

图 4-84　红外光穿透塑料包装袋表面

使用某些波段的紫外线。常用的紫外线应用一方面是荧光效应，另一方面是其良好的散射效果。紫外光应用如图 4-85～图 4-87 所示。

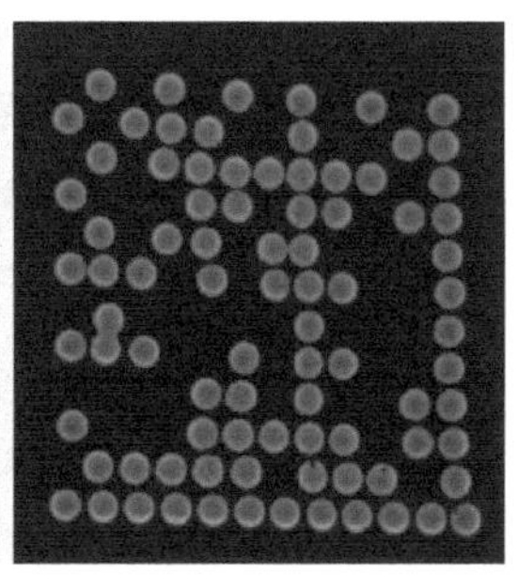

图 4-85　紫外光的荧光效应

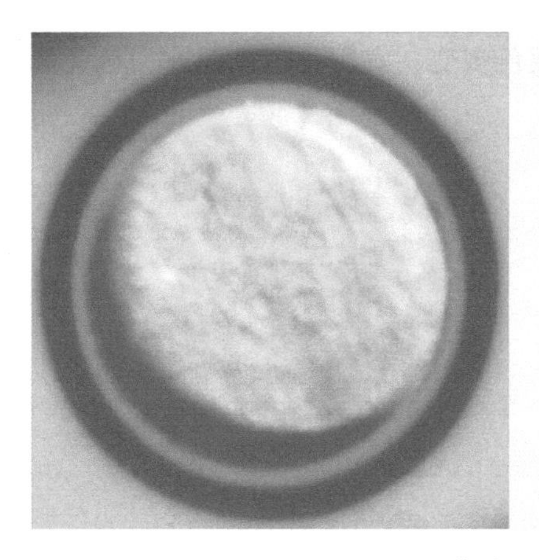

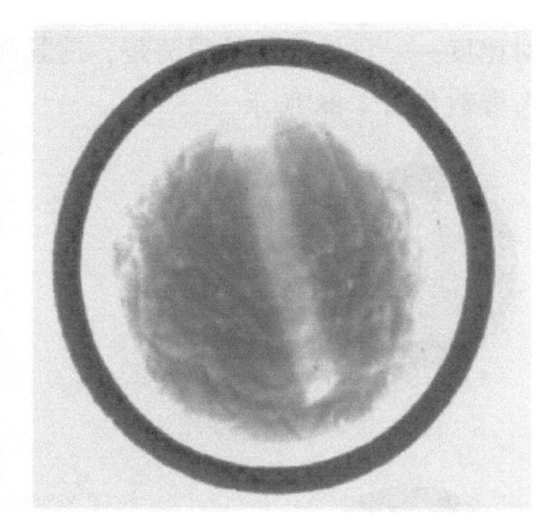

图 4-86　紫外光可以让某些试剂显现

3. 机器视觉光源选型注意事项

针对具体的应用，从众多的方案中选择一个最好的照明系统是整个图像处理系统稳定工作的关键。但目前没有一个通用的照明系统能够适应各种场合，根据 LED 光源多形状，多颜色等特点，下面总结出一些选光源的方法：

1）了解系统结构及运行的要求，确定相机、光源、被测物的空间结构关系。确定

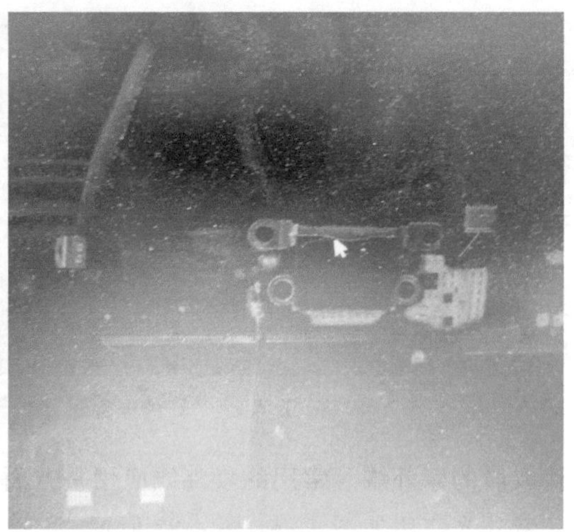

图 4-87　利用荧光效应，紫外光检测涂胶效果

的参数有视场（FOV）、工作距离（WD）。

2）空间结构有：直射，侧射，背部照射。

① 直射结构的光源——一部分环形光源，同轴光源，圆顶光源。

② 侧射结构的光源——一部分环形光源，条形光源，线光源，点光源。

③ 背部照射——方形背光源，条形背光源，回形背光源。

3）通过对被测物品的观察分析，曲面检测宜用圆顶光源，光滑平面宜用同轴光源，粗糙平面宜用明视场光源，透光性好的物体可以用红外光源。分清背景（即我们不需要检测的）是什么颜色，前景（即我们要检测的）是什么颜色，好的光源能提高图像的对比度——背景与前景很清楚，前景颜色多变，宜用彩色光源或白色光源。光源选型参考参数如图 4-88 所示。

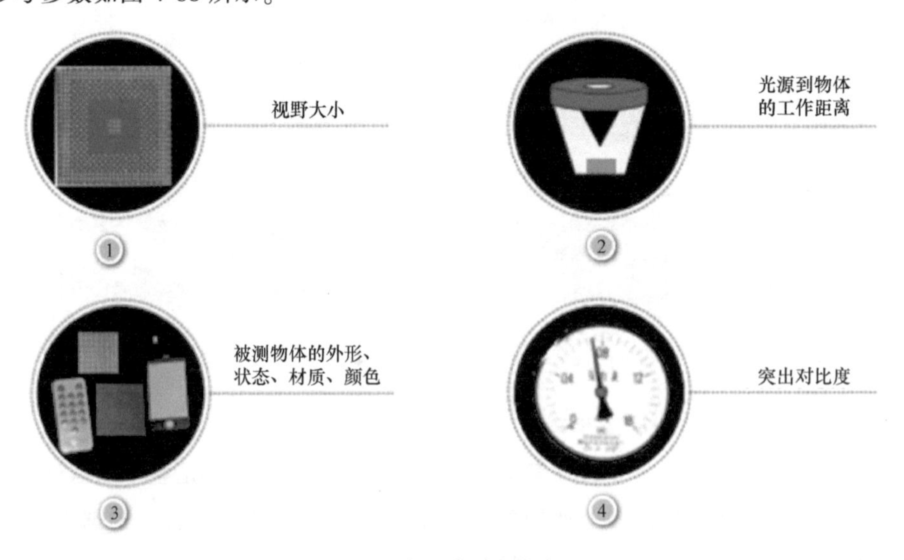

图 4-88　光源选型参考参数

第 5 章　机器视觉其他常用配件

5.1　滤光片

机器视觉系统成功的关键是能否得到一幅对比度良好的图片，而提高图像的对比度，除了光源，另一个重要角色就是滤光片。理想的滤光片，应该使系统不需要的图像信息与目标点分离，并提高目标信息在图像中的对比度，且保持长期的光源稳定性。

工业相机的光谱灵敏区域一般是波长为 400~700nm 的可见光，感应最灵敏的位置一般是红光。整个感光范围可包括：紫外、可见光和近红外波长。根据工业相机的感光度范围及照明条件，常用机器视觉滤光片一般包括紫外线（UV）、可见光，和近红外（NIR）的部分波长。根据波长分类，可分为紫外滤光片、可见光滤光片、近红外滤光片。根据过滤类型，可分为短波通滤光片、长波通滤光片、窄带滤光片等。

滤光片可阻断或有选择性地让部分波长的光线通过，能够突出或抑制特定物体的颜色特征，通常安装在镜头前端，如图 5-1 所示。

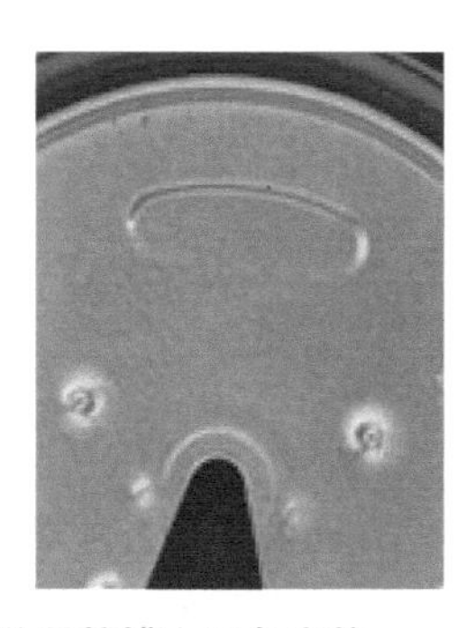

图 5-1　红色滤光片消除易拉罐上红色字符

5.2　延长管

延长管又叫接圈、近摄圈，如图 5-2 所示，其作用是添加在镜头与相机之间，以增长镜头成像的像距，从而缩短物距以及缩小成像的视野。延长管可在工作距离小于镜头最小工作距离的情况下使用，几乎不改变镜头视角。一般情况下，延长管安装长度不宜超过镜头焦距的 1/5，变倍镜头和其他特殊镜头不建议加延长管，否则会影响图像质量。

因为工业上一般常用 C 接口、CS 接口的相机镜头，因此，延长管的接口也都是 C 接口的，所以延长管的分类主要以长度进行分类。常见的延长管有 0.5mm、1mm、2mm、5mm、10mm、20mm、30mm、40mm，当然，延长管只是一个机加工结构，可以加工出许多不同长度的延长管。2mm 以下的延长管通常都是无螺牙的通管，而 5mm 以上的，则会有内螺纹。不过这里需要注意的是，3~5mm 内的延长管不太好用，不是说加工不了，而是不能正常的连接，因为一般的镜头、相机的螺牙长度大概只有 5mm 左右，如果中间添加的延长管占到了 5mm 的一半以上而又无法在里面车螺纹，那么很可能镜头无法固定在相机上。因此机器视觉中，一般不会使用 3mm、4mm 的延长管。因为这些延长管直接套在镜头上也不行，中间车螺纹也不方便，从而无法固定。

图 5-2　延长管

5.3　偏振片

光是一种电磁波，是电场与磁场交互感应行进的一种能量传播，根据光量对传感器和视觉器官的影响，规定电磁张量中电场分量的振动方向为光的振动方向。

偏振光：振动方向和光波前进方向构成的平面叫作振动面，光的振动面只限于某一固定方向的，叫作平面偏振光或线偏振光，如图 5-3 所示。

常见光的偏振态：自然光偏振方向杂乱无章，统计起来每个方向均匀一致；圆偏振光在空间的一个截面上随时间变化通过的振动绕波列轴线匀速圆周运动，椭圆偏振光振动轨迹为椭圆形，部分偏振光与自然光类似，方向杂乱无章，但强度分量有一定取向。单向测量情况下，圆偏振光与自然光类似，椭圆偏振光与部分偏振光类似。

在机器视觉检测项目中，很多被测特征的表面会发出杂乱的眩光（如烟盒、IC 载带、金属表面、晶片等），这些杂光严重影响成像质量，降低被测特征的对比度。为了减弱或者消除杂散光、眩光等干扰，在很多视觉检测、测量、定位等系统构建时，在镜头前面需要搭配偏振镜来使用。

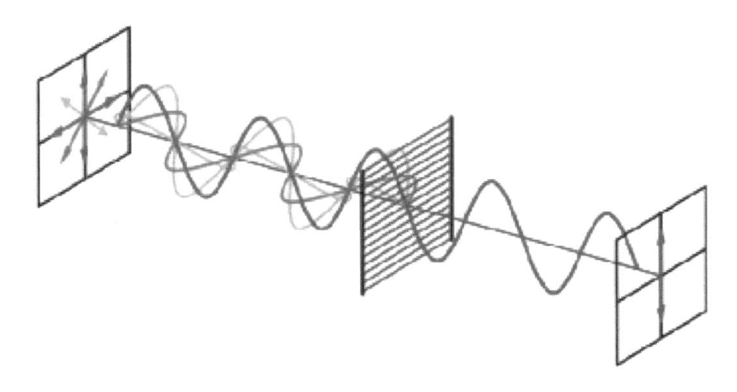

图 5-3　光的偏振示意

偏振镜的功用是能有选择地让某个方向振动的光线通过，从而可以减弱反射光使景象清晰。偏振镜能有效地消除或者减少光滑非金属表面形成的眩光。使用时装在镜头前，仔细旋转偏振片，找到合适位置减少眩光对图片的影响，从而达到检测的目的，图 5-4 所示为偏振镜。

图 5-4　偏振镜

同时，为了增强效果，在光源端还会配合偏光板使用，如图 5-5 所示。偏光板可配置各种环形光、条形光、面光源使用，消除光的表面反射，如图 5-6 所示。

图 5-5　偏光板

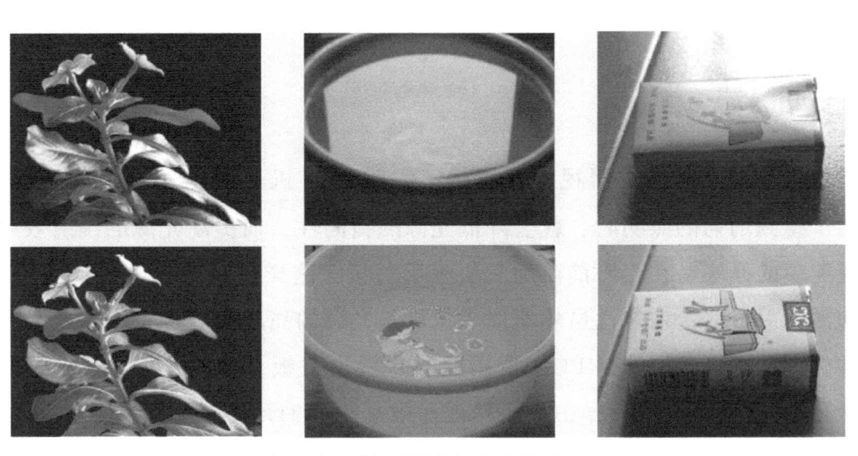

图 5-6　偏振镜消除反光的效果

在检测键盘表面字符印刷效果时，由于键盘表面有玻璃反射造成了严重的光斑干扰，图 5-7、图 5-8 所示分别描述了键盘检测时光源配合偏振镜的打光原理和打光效果。

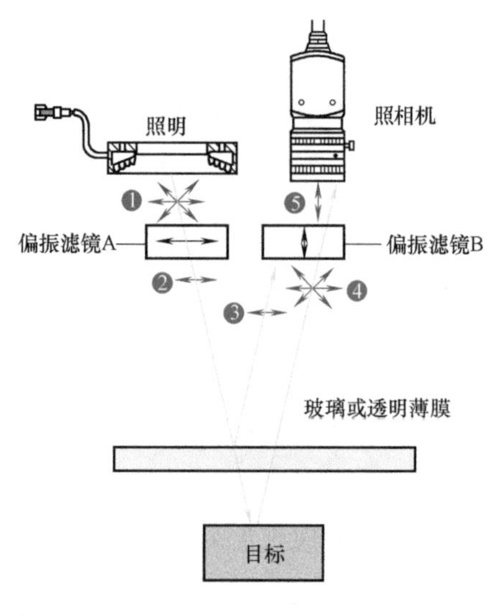

图 5-7　打光原理

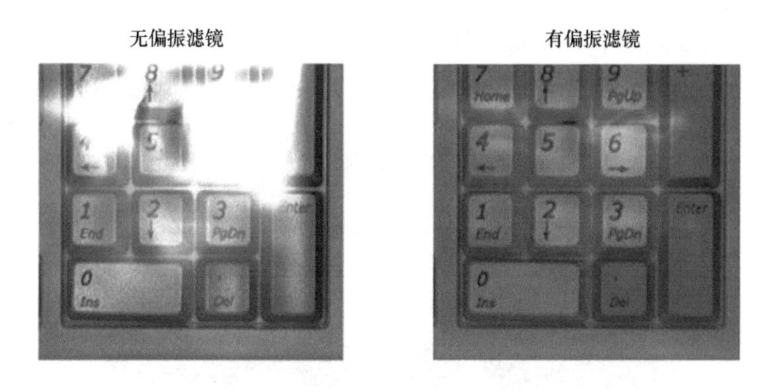

图 5-8　打光效果

5.4　漫反射板

漫反射板通常应用在机器视觉光源中。一般 LED 机器视觉光源有较强的指向性，而如果为了得到均匀的照明时，就会降低光源的指向性，而提高光源的漫射效果，这时最常用最简单的办法是在光源前面加一块漫反射板，这样可以有效改善光源的均匀性。但是增加漫反射板后，均匀性虽然增加了，可是光源的亮度会有一定的降低。漫反射板有许多种类型，比较常用的是 PC（聚碳酸酯）漫反射板，如图 5-9 所示。根据选择的 PC 板不同，其透光率也不一样，从而其漫射效果也会有所不同。透光率越高的，其漫射效果就越差，光源越亮。

通常来讲，机器视觉 LED 光源中的条形光、环形光源等，可以选配漫反射板，而面光源、环形无影光、四面无影光等则是一定要加漫反射板才能正常工作的。而像点光、线光这样指向性强的光源，则不添加漫反射板才能正常工作。而像圆顶光这类光源，虽然其也需要有较好的漫反射，但是其并不是通过漫反射板来实现漫反射的。而是通过反射表面的粗糙不平来改善漫反射效果的。

图 5-9　漫反射板

漫反射板的选择，则需要考虑漫射效果与透光性。这二者是矛盾的，因此只能通盘考虑，才能将漫反射板使用好。如使用环形光源或条形光源时，如果需要指向性好，亮度高的光源，则应把漫反射板去掉。而如果为了均匀性，为了消除表面反光等，则应该添加漫反射板。

5.5　标定板

在机器视觉应用中，有些时候标定板的使用非常重要，如图 5-10、图 5-11 所示，

图 5-10　棋盘格标定板

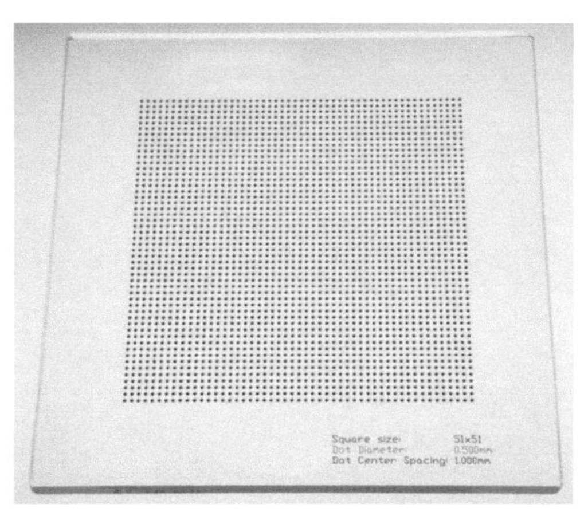

图 5-11　点网格标定板

尤其是对于高精度或者需要校正的项目应用。首先对于利用机器视觉做测量来讲，镜头本身的畸变不能完全避免，而软件处理是基于用户拍摄的图像的，如果原始图像存在较大的误差，那么软件水平再高，那也是基于有误差的图像在做处理，最后结果肯定是存在较大误差的。因此，建议利用标定板，将图像进行高精度预处理或者校正，从而保证最终检测系统的高精度。

第6章 数字图像处理技术简介

6.1 图像处理的基本知识

图像是指使用各种观测系统以不同形式和手段观测客观世界而获得的，可以直接或间接作用于人眼并进而产生视觉的实体。包括：

1）各类图片，如普通照片、X射线片、遥感图片。

2）各类光学图像，如电影、电视画面。

3）客观世界在人们心目中的有形想象以及外部描述，如绘画、绘图等。

数字图像是指为了能用计算机对图像进行加工，需要把连续图像在坐标空间和性质空间都离散化，这种离散化了的图像是数字图像。图像中每个基本单元叫作图像的元素，简称像素。

数字图像处理是指应用计算机来合成、变换已有的数字图像，从而产生一种新的效果，并把加工处理后的图像重新输出的过程，也称为计算机图像处理。

在很多影像系统中，每个像素根据发光强度传送256级数据（8位）。在进行单色（黑白）处理时，黑色被认作“0”，白色被认作“255”，如图6-1所示，从而允许将每个像素接受的发光强度转换为数值数据。也就是说，CCD的所有像素均为0（黑色）到255（白色）之间的值。例如，灰色包含一半黑色一半白色，它将被转换为“127”。使用CCD捕获的图像数据是组成CCD的像素数据的集合，并且像素数据被再现为256级对比度数据。

如图6-2所示，图像数据通过各个值在0到255之间的像素表现出来。

根据每个像素所代表信息的不同，可将图像分为二值图像、灰度图像、RGB图像等。

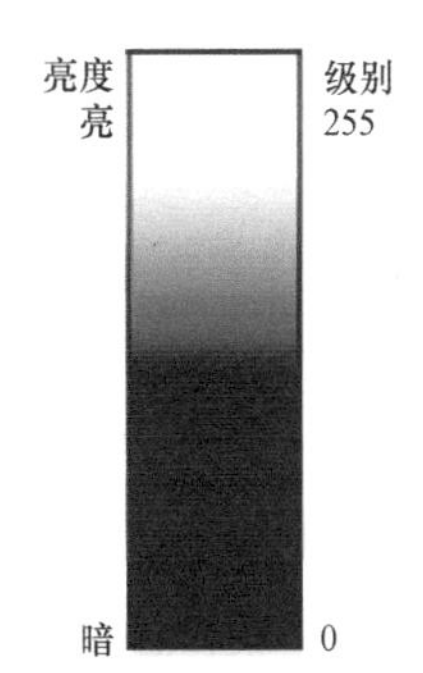

图6-1 256级亮度的图像

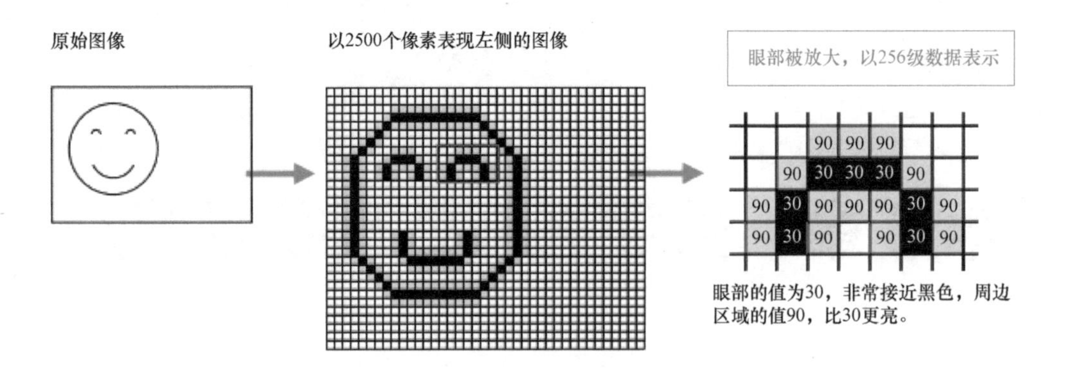

图 6-2 图像处理示意

1. 二值图像

二值图像是指图像上的每一个像素只有两种可能的取值或灰度等级状态，也就是说，图像中的任何像素点的灰度值均为 0 或者 255，人们经常用黑白、B&W、单色图像表示二值图像。

2. 灰度图像

灰度图像是二值图像的进化版本，是彩色图像的退化版，也就是灰度图保存的信息没有彩色图像多，但比二值图像多。灰度图只包含一个通道的信息，而彩色图通常包含三个通道的信息，单一通道可以理解为单一波长的电磁波，所以，红外遥感，X 断层成像等单一通道电磁波产生的图像都为灰度图，而且在实际工作中，灰度图易于采集和传输等性质的存在导致基于灰度图像开发的算法非常丰富。

灰度图像每个像素只有一个采样颜色，这类图像通常显示为从最暗黑色到最亮的白色的灰度，尽管理论上这个采样可以是任何颜色的不同深浅，甚至可以是不同亮度上的不同颜色。灰度图像与黑白图像不同，在计算机图像领域中，黑白图像只有黑色与白色两种颜色；但是，灰度图像在黑色与白色之间还有许多级的颜色深度。灰度图像经常是在单个电磁波频谱，如可见光内测量每个像素的亮度得到的，用于显示的灰度图像通常用每个采样像素 8 位的非线性尺度来保存，这样可以有 256 级灰度（如果用 16 位，则有 65536 级）。

3. RGB 图像

RGB 图像又称为真彩图像，它使用 R、G、B 三个分量标识一个像素的颜色，R、G、B 分别代表红、绿、蓝 3 种不同的基础颜色，通过三原色可以合成出任意颜色。所以对一个尺寸 N×M 的彩色图像来说，需要存储一个 N×M×3 的多维数据数组，其中数组中的元素定义了图像中每一个像素的红、绿、蓝颜色值。图形文件格式把 RGB 图像存储为 24 位的图像，红、绿、蓝分量分别占用 8 位，因而理论上可以有 2^{24} 种颜色。

6.2　图像预处理技术

为通过图像处理进行检测，事先取得合乎要求的优质图像是必不可少的。对于单纯通过拍摄所得到的图像，由于受光源种类或工件的材质、拍摄环境等因素的影响，有时会无法得到预期的图像或导致检测结果不够稳定。因此，采用图像滤波器，可对图像进行符合使用目的图像加工（转换）。这称为图像的预处理。通过进行预处理，可使图像更加清晰、突出符合用途的具体要素（形状、颜色等），并消除不需要的要素（干扰源），如图 6-3 所示。

采用图像滤波器进行的预处理可以利用在图像处理装置或计算机的照片修饰软件等很多方面。滤波器有好多种，所以充分理解它们各自的特性、使用适当的滤波器是非常重要的。用滤波器对原图像进行预处理时，图像越大，处理时间就越长。因此，指定必要的范围再用滤波器进行处理是非常重要的。

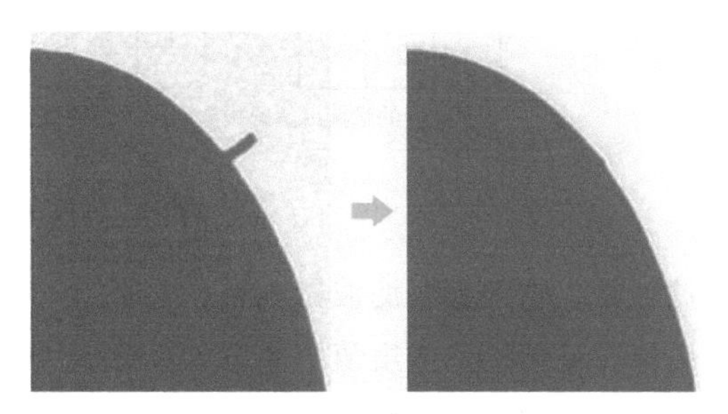

图 6-3　图像预处理

预处理所采用的有代表性的滤波器由「3×3」、「9×9」、「16×16」等滤波器系数构成。通常使用的「3×3」滤波器系数，是参照纵、横 3 像素的图像数据，对中心像素实施滤波器处理。例如，图像规格为横 320 像素、纵 240 像素时，所实施的滤波器处理为 320×240=76800 次。

在进行图片滤波时，向原图像 3×3=9 的像素值分别乘以 1/9，其合计值即为施以滤波器处理之后的值，如图 6-4 所示。

由于是对该滤波器系数一列一列地依次计算的，所以就可得到施以滤波器处理之后的图像。图 6-5 所示为采用滤波器系数进行的计算示例。

下面介绍的是图像预处理的主要滤波器。实际应用中主要是把多个滤波器组合起来使用，以得到预期效果的图像。

是对图像进行均一化处理时采用的滤波器系数。

$\frac{1}{9}$	$\frac{1}{9}$	$\frac{1}{9}$
$\frac{1}{9}$	$\frac{1}{9}$	$\frac{1}{9}$
$\frac{1}{9}$	$\frac{1}{9}$	$\frac{1}{9}$

图 6-4　滤波器处理系数

（1）膨胀滤波器　膨胀滤波器是消除图像处理所不需要的干扰源成分（瑕疵）的滤波器。具体是把 3×3 这一中心像素的浓淡度值置换为 9 个像素中浓淡度最高的浓淡度值，如图 6-6 所示。

对黑白图像施以膨胀滤波器时，只要 3×3 的中心像素周围有一个白色像素，就会把 9 个像素全部置换为白色，如图 6-7 所示。

（2）收缩滤波器　收缩滤波器（也称为侵蚀、腐蚀）也是有助于消除干扰源成分

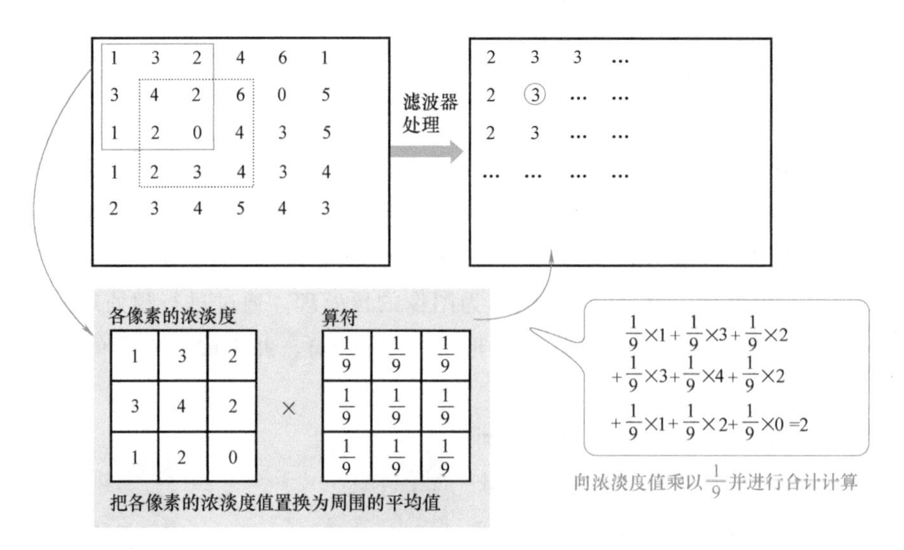

图 6-5　滤波器计算示例

的滤波器。它与膨胀滤波器相反，是把 3×3 这一中心像素的浓淡度值置换为 9 个像素中浓淡度最低的浓淡度值，如图 6-6 所示。

对黑白图像施以收缩滤波器时，只要 3×3 的中心像素周围有一个黑色像素，就会把 9 个像素全部置换为黑色，如图 6-7 所示。

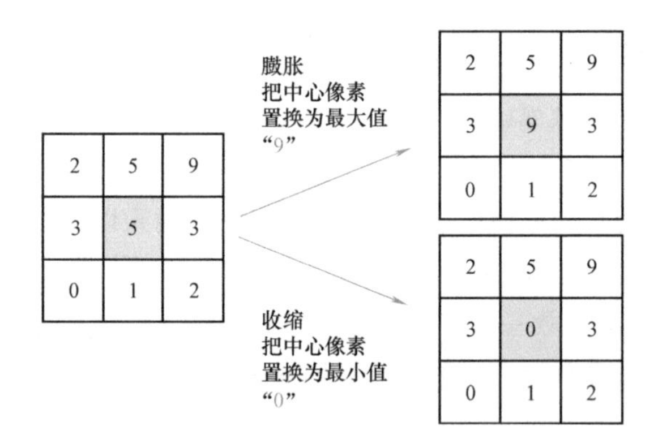

图 6-6　膨胀与收缩的计算示例

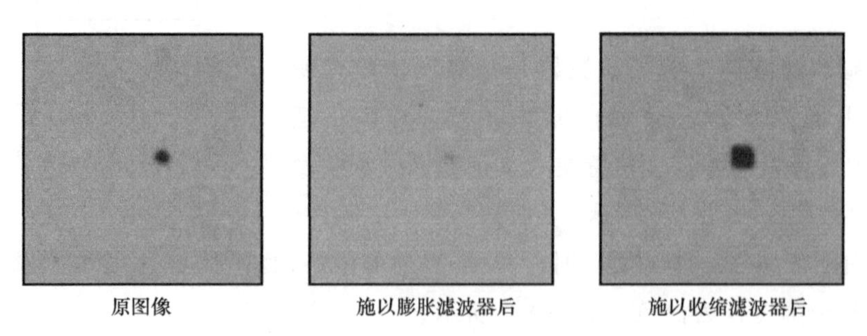

图 6-7　膨胀与收缩的效果

（3）打开滤波器　打开滤波器也称为开运算，是对图像先进行收缩滤波器运算，再进行膨胀滤波器运算，通过这种方式可以过滤消除图像毛刺、凸起这类干扰，如图6-8所示。

（4）关闭滤波器　关闭滤波器也称为闭运算，是对图像先进行膨胀滤波器运算，再进行收缩滤波器运算，通过这种方式可以过滤消除图像内部空洞、凹陷这类干扰，如图6-8所示。

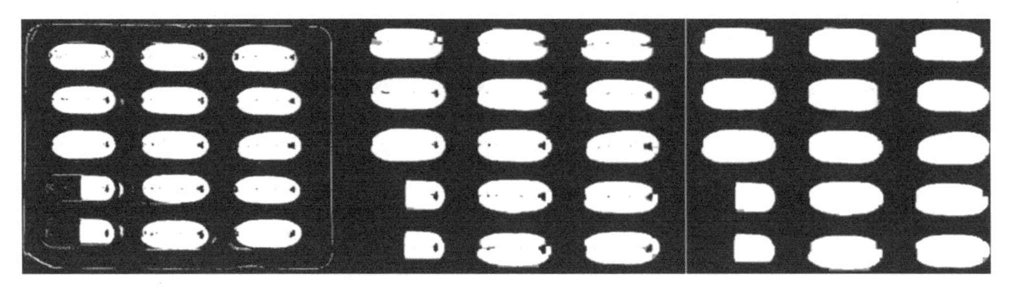

图6-8　从原始图像依次做打开、关闭后的效果

图像中呈现出瑕疵等细小干扰源成分时，就可以通过使用上述膨胀、收缩、打开或关闭等滤波器进行运算，可消除干扰源，增强图像效果将其制作成美丽的图像。

（5）平均滤波器　平均滤波器用来使图像的浓淡度达到平衡（模糊）化，以此改善图像效果的滤波器。包括中心像素在内，把周围9个像素的浓淡度值实行平均化，如图6-9所示。通过把图像实行模糊化处理，可减少干扰源成分的影响，具有稳定工件的范围检测和模式搜索等位置检测的效果。不过，如要实现更自然、更平衡化的效果，需要使用加权平均滤波器。

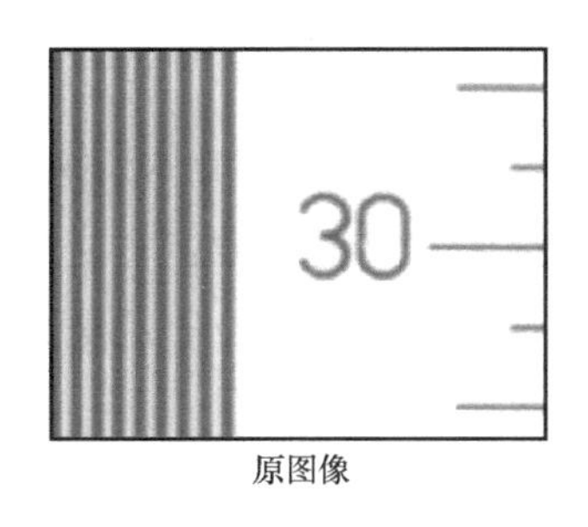

原图像

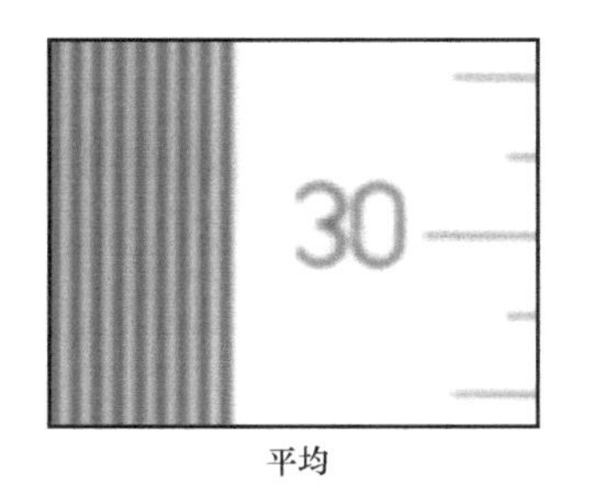

平均

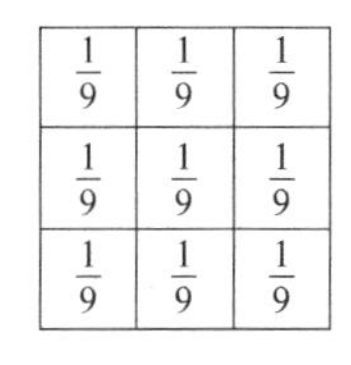

$\frac{1}{9}$	$\frac{1}{9}$	$\frac{1}{9}$
$\frac{1}{9}$	$\frac{1}{9}$	$\frac{1}{9}$
$\frac{1}{9}$	$\frac{1}{9}$	$\frac{1}{9}$

图6-9　平均滤波器

（6）中值滤波器　中值滤波器是归整（排列）包括中心像素在内的周围9个像素的浓淡度值，把中央值（中值）作为中心像素浓淡度值的滤波器。它的效果与均一化滤波器不同，无须把图像进行模糊化处理就可清除干扰源成分。特别是它可以清除与周围像素的浓淡度值大不相同的一粒一粒的干扰源，如图6-10所示。

（7）Sobel滤波器　Sobel滤波器是一种有助于边缘提取的滤波器，对于对比度较少的图像，具有突出边缘的效果，如图6-11所示。另外，经该滤波器处理过的图像看上去更加自然。进行边缘提取时，除了Sobel滤波器外，还可使用Prewitt、Roberts、

输入图像

中值滤波后图像

图 6-10　中值滤波器

Laplacian 等各种滤波器。

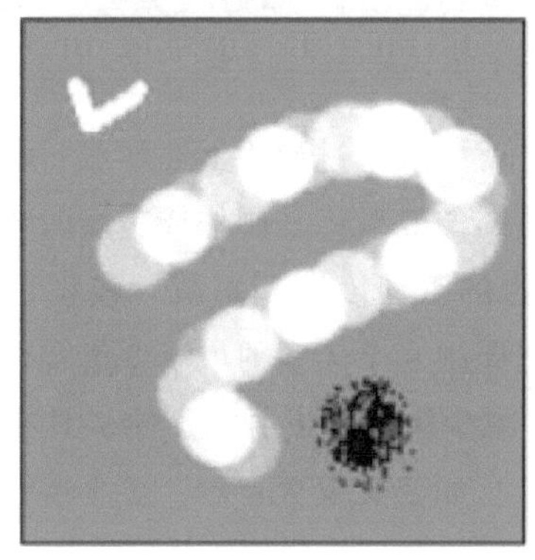
原图像

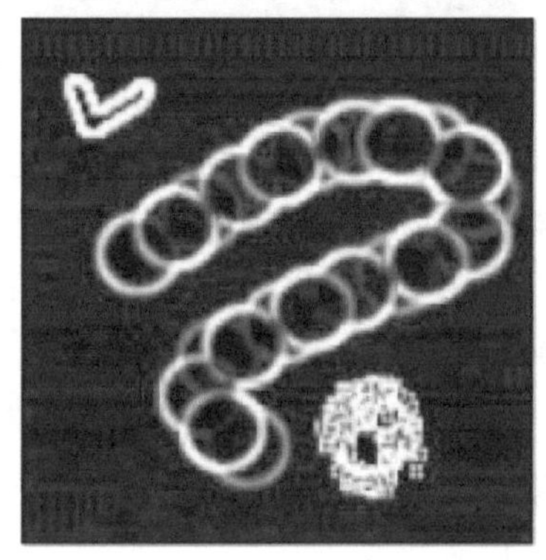
Sobel后图像

图 6-11　Sobel 滤波器

图 6-12 零件表面上有一块缺陷，直接检测的话受背景纹理干扰，并不容易检测。现在首先对原图做中值滤波运算，如图 6-12 所示，再将原图与中值滤波运算后的图片作相减，获得相减后的效果，如图 6-13 所示，最后在相减后的图像上，查找斑点，斑点部分即为图像缺陷区。

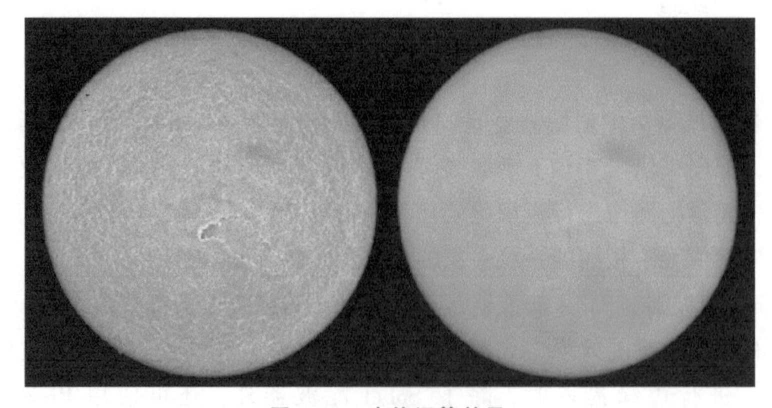

图 6-12　中值运算效果

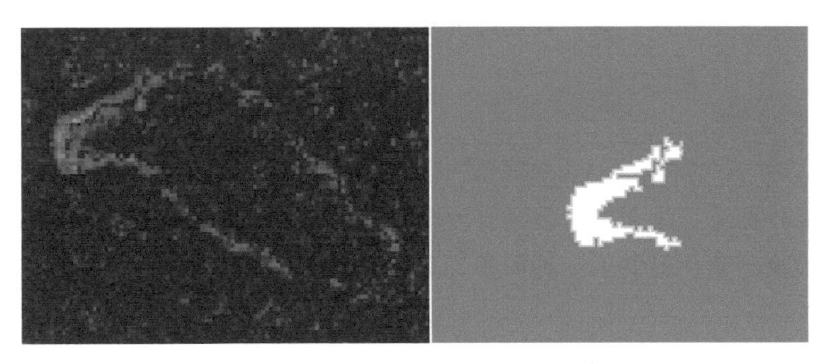

图 6-13　相减后的图像上查找斑点

下面这两种方法是对彩色图像的处理技术：

(1) 颜色抽取　彩色图像的信号是用 R（红）、G（绿）、B（蓝）等数字数值表示，以此为基础抽取特定颜色要素的处理即为颜色抽取。通过处理，各像素就分化为被抽取的像素或未被抽取的像素，共 2 种数值，如图 6-14 所示。因此，除了较暗的颜色也能够实现稳定的抽取外，由于应处理的颜色信息量非常少，可较快地进行后处理。

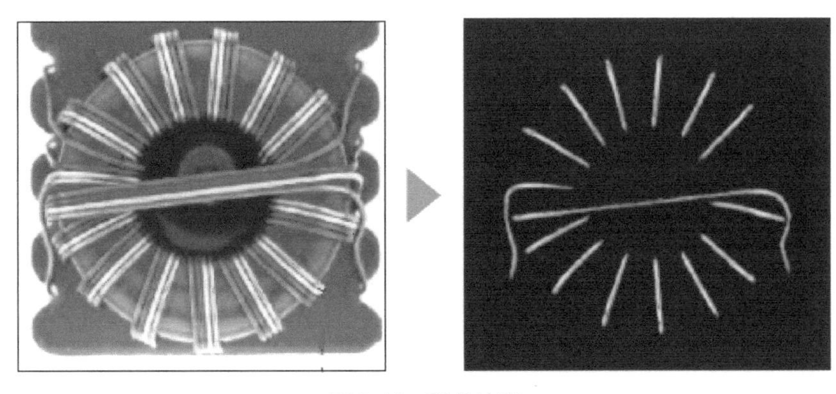

图 6-14　颜色抽取

(2) 灰度处理　灰度处理也称为浓淡处理，是取得用 CCD 相机拍摄的图像数据的浓淡信息的处理。具体方法是把像素的浓淡分割成 8bit(＝256 灰度)，并将该信息灵活运用，从而大大提高了工件的检测精度，如图 6-15 所示。特别是在黑白二值处理中，

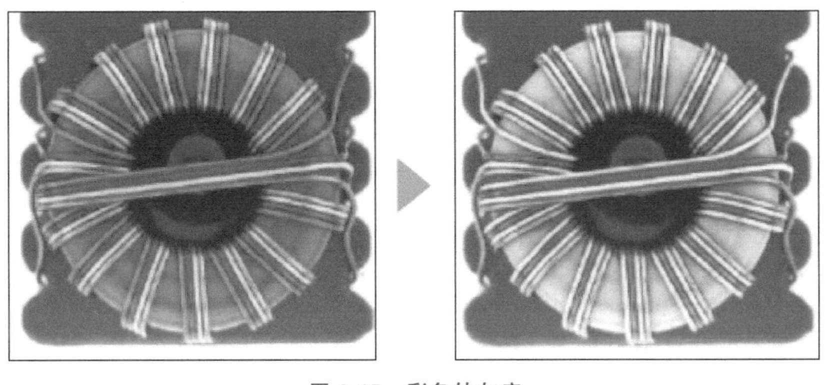

图 6-15　彩色转灰度

在检测难以判别的工件等方面，其效果格外显著。

6.3 边缘检测

使用边缘检测进行尺寸检验已经成为影像系统应用中的最新趋势。边缘模式为检测零件位置、宽度与角度提供了一种简单而稳定的方法。图 6-16 所示为边缘检测的几种类型。

边缘位置

边缘数量

边缘宽度

图 6-16 边缘检测类型

边缘是指在图像中分隔明、暗区域的边界。要检测边缘，就必须处理这种不同阴影之间的边界。边缘可以通过以下几个处理步骤获得。

（1）执行投影处理　投影处理垂直扫描图像，以获得每条投影线的平均灰度，如图 6-17、图 6-18 所示。每条投影线的平均强度波形称为投影波形。注：投影处理用于获得平均灰度，减少测量区域中的噪点所引起的检测失败。

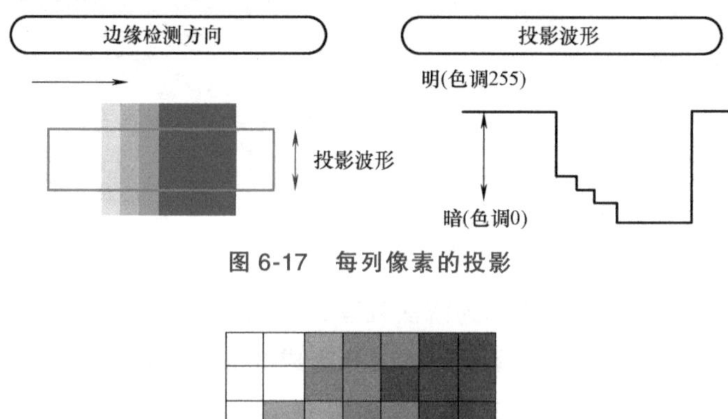

图 6-17 每列像素的投影

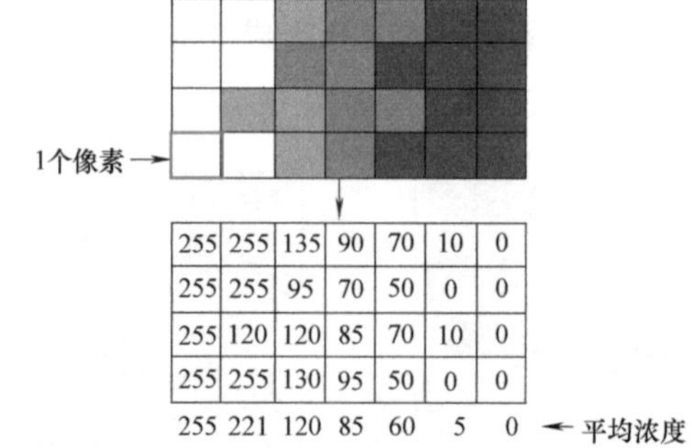

255	255	135	90	70	10	0
255	255	95	70	50	0	0
255	120	120	85	70	10	0
255	255	130	95	50	0	0
255	221	120	85	60	5	0

图 6-18 像素灰度投影示意

（2）执行微分处理　投影中的差异越明显，获得的偏差值越大，如图 6-19 所示。如果阴影中没有变化，则绝对强度值是“0”。如果颜色从白色（255）变为黑色（0），则变化量是−255。

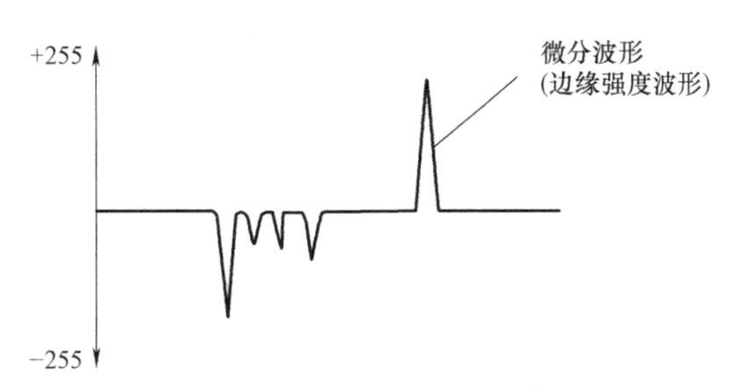

图 6-19　投影图微分处理效果

图 6-20、图 6-21 所示是某视觉软件的边缘查找示例，图 6-20 所示为卡尺区域像素的投影数据图及投影数据微分处理效果图，图 6-21 所示为边缘查找的效果。

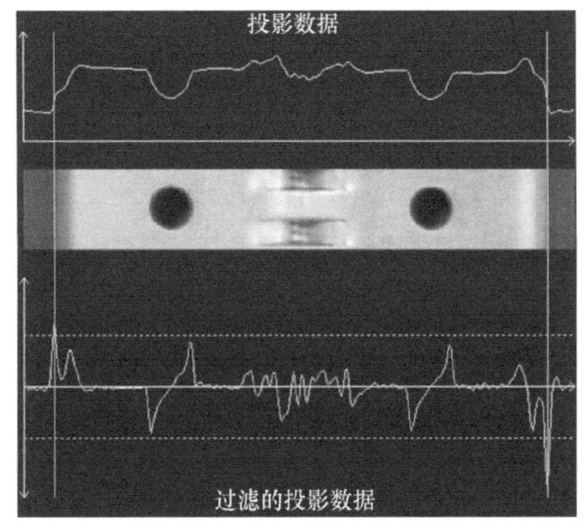

图 6-20　投影数据图及微分效果

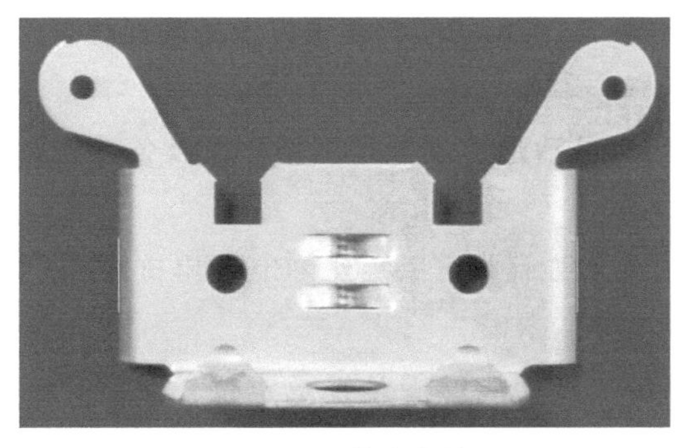

图 6-21　边缘查找效果

第7章　机器视觉软件使用

7.1　MVP软件使用

MVP算法平台是浙江华睿科技有限公司开发的智能视觉算法平台。MVP算法平台集成了9类机器视觉系统基础功能算法，分别为图像采集、定位、图像处理、标定、测量、识别、辅助工具、逻辑控制和通信。

1. MVP的特点

1）丰富的算法集可以完成图像采集、目标定位、图像预处理、检测系统标定、目标长度、夹角测量、条码、二维码和字符识别以及处理图像自动保存等图像处理相关工作。

2）逻辑控制模块可以灵活地实现顺序、循环以及条件控制等流程编辑，无须编程，简单易学。

3）通信模块配合工业控制需求可以实现TCP和串口通信，提供与其他控制器件的通信接口。

4）平台强大的算法工具库能够满足视觉定位、识别、测量和检测等视觉应用需求。

2. MVP的功能特性

1）以组件形式集成算法，支持拖拉和双击添加算法操作，无须编程。

2）利用算法连线，自由搭建视觉解决方案，提供视觉化流程编辑方式，减少用户操作流程，提高用户可视化体验和开发效率。

3）以用户体验为中心的界面设计，提供算法处理的图像与结果双显示区，参数配置区，自由切换，有效节省屏幕空间。

4）采用多权限管理方式，保护视觉方案的安全性，贴合不同用户群需求。

5）支持多平台运行，适应 Windows7/Windows10（32bit/64bit）系统，兼容性好。

6）MVP 对运行环境有一定的要求，具体可见表 7-1。

表 7-1　MVP 运行环境要求

	最低配置	推荐配置
操作系统	Windows7/Windows10 32bit/64bit	
CPU	Intel　Atom(TM)　Processor E3940@ 1. 6G	Intel Pentium IV3. 0GHz 或以上
内存	2GB	4GB 或更高
显卡	显存 1GB 以上显卡	
网卡	推荐使用 Intel Pro1000 系列以上网卡	
USB 接口	如果需要接 USB3. 0 相机,计算机需要支持 USB3. 0 接口,否则无要求	

7. 1. 1　图像采集

图像采集算法主要功能是获取图像，可以从仿真器（本地图像）或者相机获取，如图 7-1 所示。

图 7-1　图像采集算法

1. 仿真器

鼠标左键双击或拖拉仿真器算法添加仿真器，仿真器图像默认路径为安装运行目录下自带的图片路径，通过单击仿真器路径可以更改图片路径。仿真器加载图片显示方式分为两种，一种是以电影胶片的模式显示当前路径下所有的图片，在单次运行和停止状态下可以选中胶片图片，运行时就会在选中图片之间自动来回切换，连续运行状态下无法选中胶片图片；另一种方式是在图像显示窗口中放大显示图片，在连续运行状态下，图片会依次显示，当鼠标移到某张胶片图像上时，图像也会在显示窗口中放大显示。仿真器算法主要通过 outImage 参数为其他算法提供本地处理图片。图 7-2 为仿真器算法。

注意：仿真器算法在连续运行时可以自动按照图像胶片序列切换显示图片，若在连续运行前选中了胶片图片，连续运行时就会在选中图片之间自动来回切换。当单击“停止”后，显示区域会清空，再次单击“单次运行”会有图片显示。MVP 算法在连续运行状态下停止时会清空显示区域的图像与算法处理结果。

2. 相机

相机算法主要用于从相机采集图片，目前只支持 USB、GIGE 以及 X86 智能相机，相机配置硬触发模式和软触发模式。在软触发模式下，每执行一次相机算法会向相机发一次软触发命令；在硬触发模式下，则等待相机外触发信号，从相机获取一帧图像。与仿真器不同的是，相机算法将实时采集的图片提供给其他算法作为输入图像使用。在使用相机算法前，要先在 MVViewer 中做相关设置，如图 7-3～图 7-5 所示（注意：MVP

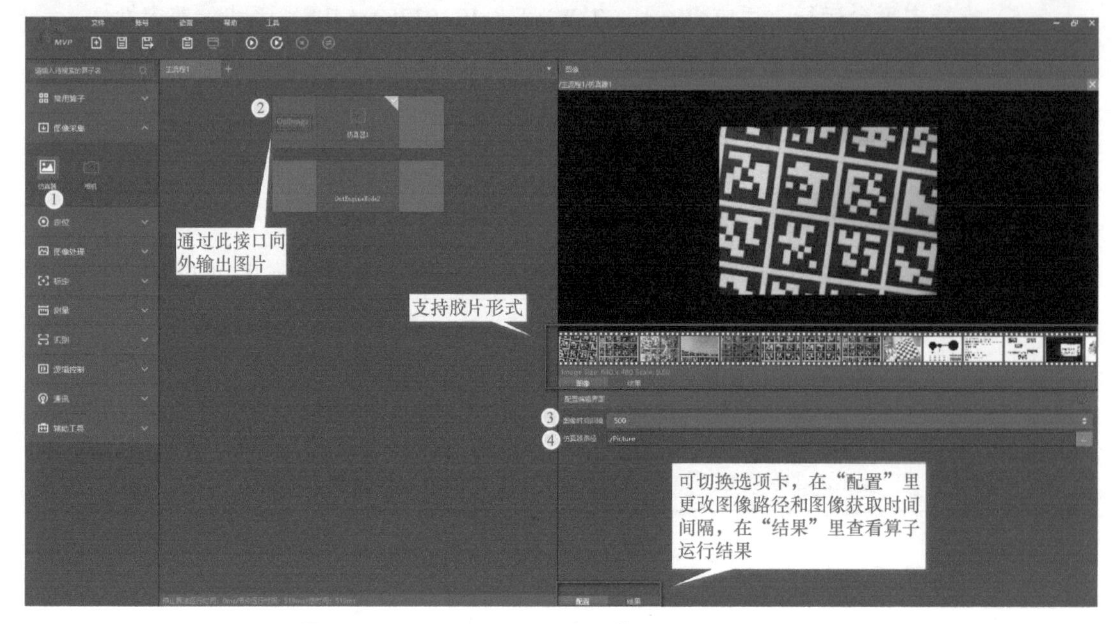

图 7-2　仿真器算法

目前只支持大华相机和部分国外品牌相机）。

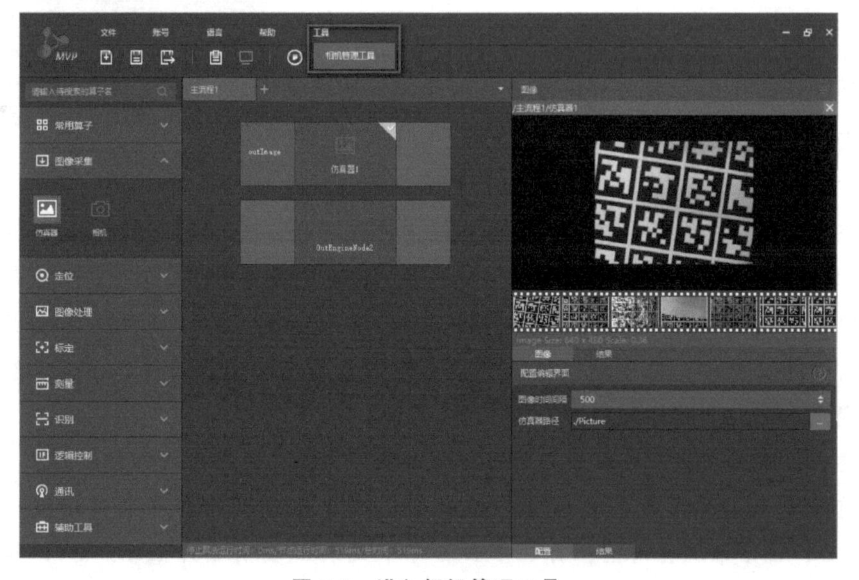

图 7-3　进入相机管理工具

7.1.2　定位

1. 模板匹配

模板匹配是一种基于轮廓模板来实现特征查找匹配的工具。在模板图像中选中特征区域建立模板，在检测图像中进行匹配，定位产品在图像中的位置，输出匹配到产品个数和产品的相似度评分。配合其他工具使用，可引导其他工具跟随产品实时调整位置和角度。

图 7-4　相机 IP 设置

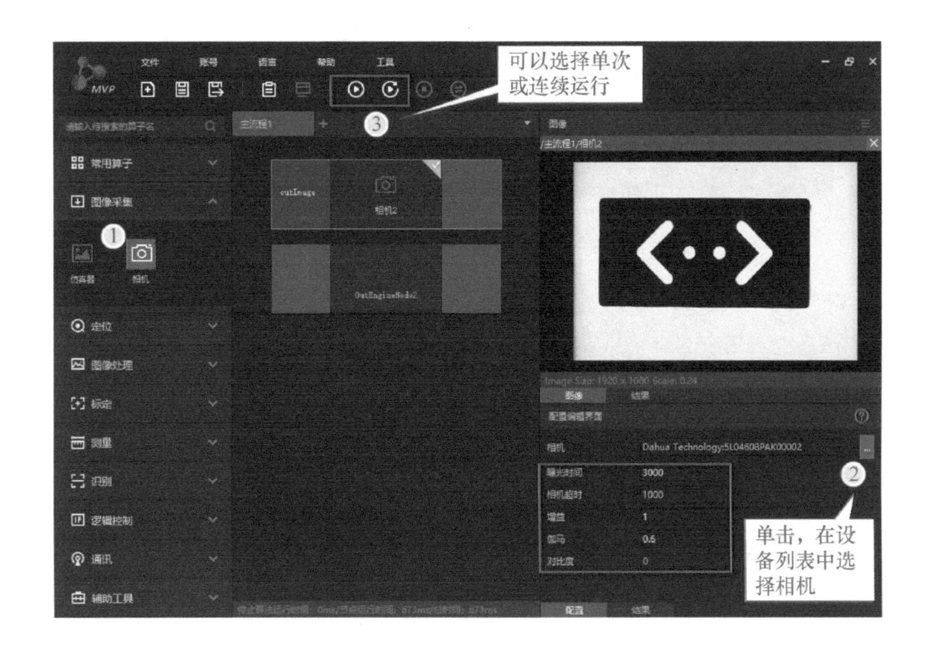

图 7-5　相机算法的使用

模板匹配效果如图 7-6 所示，其中蓝色框表示搜索区域，绿色框表示匹配到的对象。

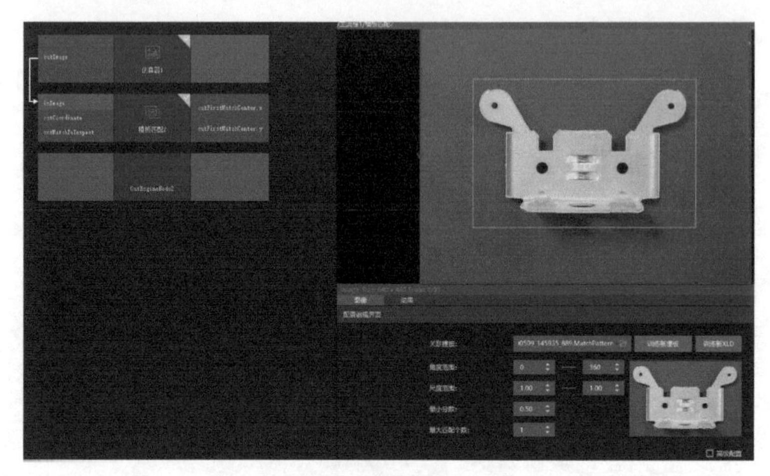

图 7-6　模板匹配的效果

模板匹配算法操作流程如图 7-7、图 7-8 所示，具体参数如下：

图 7-7　模板匹配算法

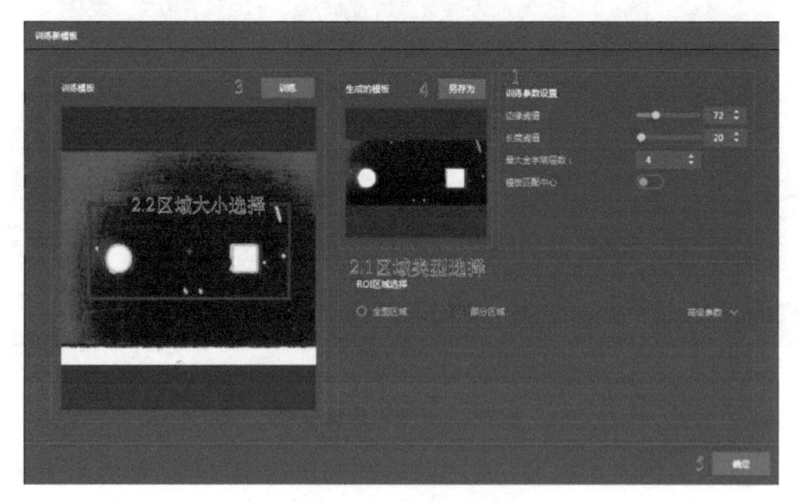

图 7-8　模板训练过程

（1）配置中设置关联模板　可以选择已训练好的模板文件或者训练新模板或者训练新 XLD。

（2）最小分数　匹配分数指特征模板与搜索图像中目标的相似程度，即相似度阈值，搜索到的目标在相似度达到该阈值时才会被搜索到，最大是 1，表示完全契合。

（3）边缘阈值　在训练过程中，边缘检测阈值，范围为 0~255。

（4）长度阈值　在训练过程中，边缘长度过滤阈值，范围为 0~500。

（5）最大匹配目标个数　允许查找的最大目标个数。

（6）亚像素精度　表示匹配的精度选项，可选像素精度、亚像素精度和亚像素高精度。

（7）最大重叠率　当搜索多个目标时，两个被检测目标彼此重合时，两者匹配框所被允许的最大重叠比例，该值越大，则允许两目标重叠的程度越大。

（8）极性　特征与背景间的关系，比如偏亮，背景上的偏暗特征与偏暗背景上的偏亮特征即为不同的极性，图 7-9 所示即为不同的极性。

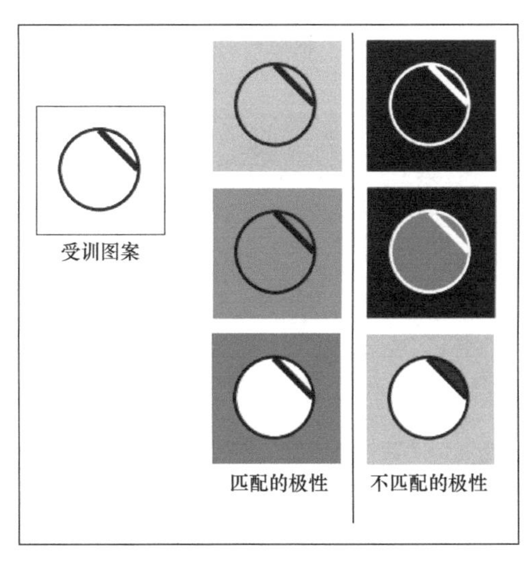

图 7-9　图案的不同极性

2. 模板比对

模板比对算法主要完成模板图像或者模板区域与检测图像或者检测区域之间的差异检测，可以用于缺陷检测、图像差异检测等应用。

模板比对算子效果如图 7-10 所示，其中左图为训练模板图像，右图为模板比对的结果图像。

模板比对算法操作流程如图 7-11 所示，具体参数如下：

（1）极性　模板比对结果保留较亮区域还是较暗区域，一般默认无极性。

（2）忽略边缘　模板比对时忽略边缘附近的像素大小，默认 0 时不忽略，目前只支持 0、1 两种状态。

（3）分块水平像素及分块纵向像素　分块进行比对时，分块的水平或纵向像素大小。

(4) 模板　存放模板比对中的比对模板信息，以后的比对操作都是基于此模板进行，所谓的差异也是与此模板比较的差异。

注意：模板比对一般结合模板匹配一起使用，模板匹配给模板比对提供位置信息，模板比对进行比对检测差异。

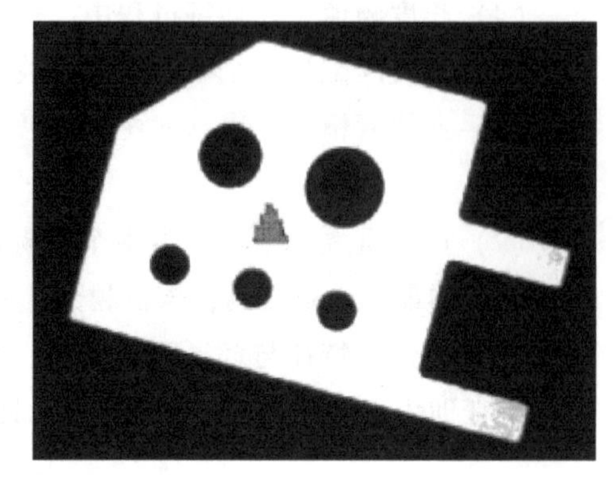

图 7-10　模板比对算法效果

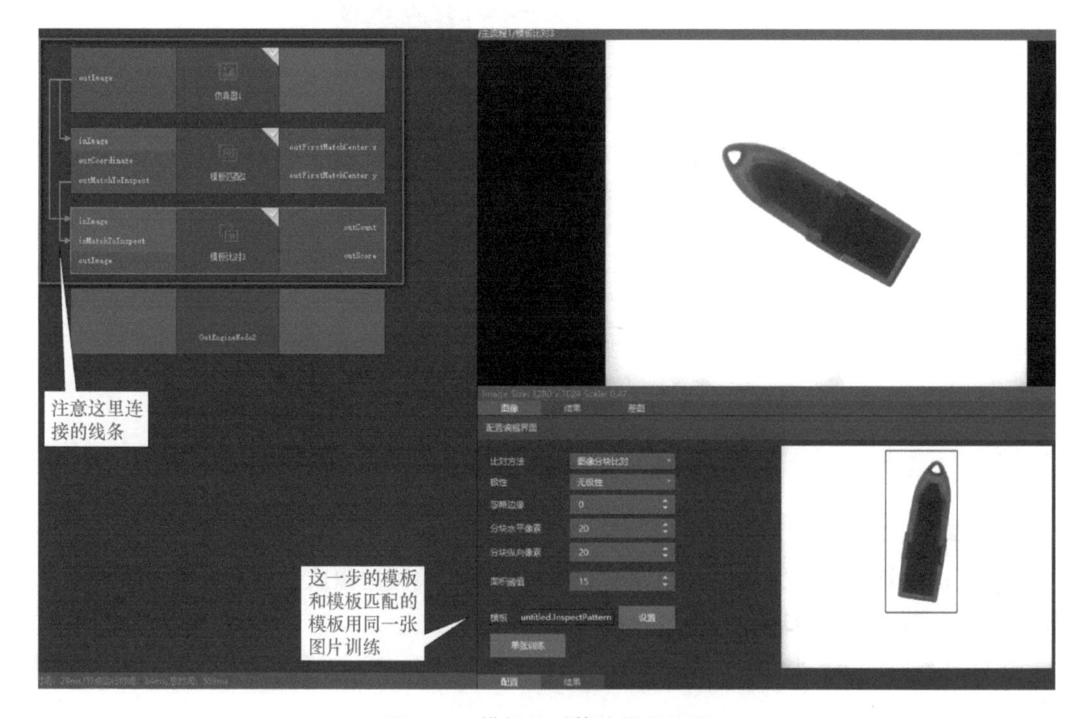

图 7-11　模板比对算法操作流程

3. 斑点检测

斑点检测算法主要检测和定位图像中指定灰度值范围内、形状通常不可测的区域。使用斑点检测可以对图像中是否有斑点以及斑点数量、位置、形状等特征进行定位，另外还可以通过斑点检测来发现图像中的特征在拓扑结构上的关联。通过对斑点进行面积过滤、圆度过滤和矩形度过滤可以对检测到的斑点进行筛选，从而得到预期斑点，如图7-12所示。利用得到的检测斑点，可以作为后续算法的粗定位，也可对零件表面进行缺陷检测，如图7-13所示。

图7-12　利用面积过滤获得产品轮廓实现产品定位

图7-13　利用斑点检测算法对CCD表面进行缺陷检测

（1）阈值　表示图像中基于像素值的分界点。若设置自动阈值，表示可自适应寻找分割阈值，其原理是遍历不同的阈值，计算不同阈值下对应的前景和背景之间的类内方差，当类内方差取得极大值时，此时对应的阈值即为自适应阈值。当设置固定阈值时，以用户输入的阈值为基准，将高于阈值的像素点设置为白色，否则为黑色。

（2）极性　极性表示从图像背景到对象的整体灰度值变化，通常有由黑到白（0黑底白点）、由白到黑（1白底黑点）。根据所检测的特征与背景阈值的差异调整设置，若背景较暗，则检测特征较亮，可以设置成黑底白点，反之亦然。

（3）检测模式　斑点中存在的孔洞也可视为一种特殊的斑点，可在检测模式中选择是否检测该类型的斑点。图7-14所示中将极性设置为白底黑点，检测模式设置为全部检测时，将检测设为包括斑点和内部孔洞。当设置只检测斑点时，内部的孔洞将忽略。

（4）输出模式　可选择输出包括轮廓、外接矩形、圆度等完整的斑点信息，也可以只输出连通域信息，还支持输出凸包形的斑点。

（5）输出最大斑点个数　可设置输出的斑点数量。

（6）排序模式　对于输出结果，可以依据面积、周长、圆度等信息排序。

a) 全部检测

b) 只检测斑点

c) 只检测孔洞

图 7-14　不同检测模式

（7）排序顺序　可设置升序或者降序的排序方式。

（8）面积过滤使能　当需要输出特定面积范围内的斑点时，可打开面积过滤使能。图 7-15 中检测箱体上的白色面单，其具有面积大致相同的特性，因此可利用面积过滤将其准确识别。

a) 输入图像

b) 面积过滤前

c) 面积过滤后

图 7-15　箱体面单检测

（9）最小面积　面积过滤时的面积下限。

（10）最大面积　面积过滤时的面积上限。

（11）圆度过滤使能　圆度表示与标准圆的相似程度，越相似，越接近 1。当需要输出特定圆度范围内的斑点时，可打开圆度过滤使能。当待检测的斑点具有特定的形状时，如图 7-16 中要检测小车上的白色斑点，使用圆度过滤能将其准确区分开。

a) 输入图像

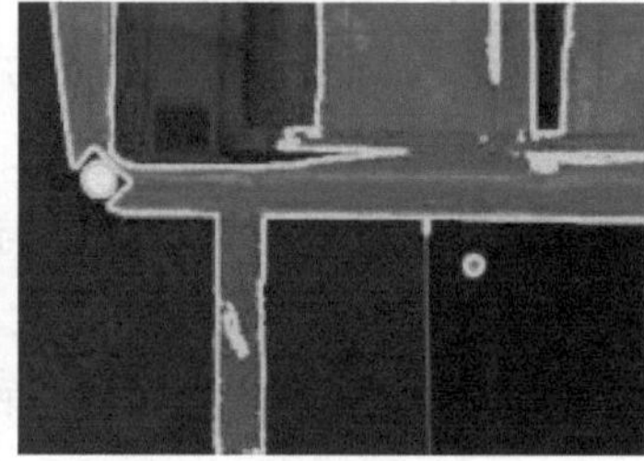

b) 圆度过滤前

c) 圆度过滤后

图 7-16　白色圆形斑点检测

（12）最小圆度　圆度过滤时的圆度下限。

（13）最大圆度　圆度过滤时的圆度上限。

（14）矩形度过滤使能　矩形度表示与标准矩形的相似程度，越相似，越接近 1。当需要输出特定矩形度范围内的斑点时，可打开矩形度过滤使能。图 7-17 所示为期望检测出特定矩形的斑点，利用矩形度过滤可以准确区分。

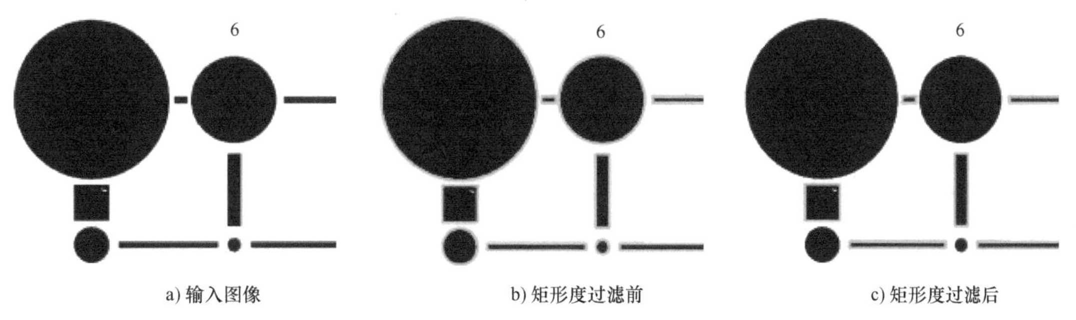

a) 输入图像　　b) 矩形度过滤前　　c) 矩形度过滤后

图 7-17　斑点矩形过滤的效果

（15）最小矩形度　矩形度过滤时的矩形度下限。

（16）最大矩形度　矩形度过滤时的矩形度上限。

（17）形态学操作模式　有腐蚀、膨胀、开运算、闭运算四种。腐蚀是使检测的图像特征缩小，使用腐蚀可以消除图像的细节部分，产生滤波器的作用。膨胀是使检测的图像特征扩大。开运算是先腐蚀后膨胀，可以使图像的轮廓变得光滑，断开狭窄的间断和消除细的突出物。闭运算是先膨胀后腐蚀，同样可以使图像轮廓变得光滑，但与开运算相反，它能消除狭窄的间断和长细的鸿沟，消除小的空洞，并填补轮廓线中的裂痕。如图 7-18、图 7-19 所示，分别为利用形态学操作使轮廓变光滑，以及消除杂乱点。

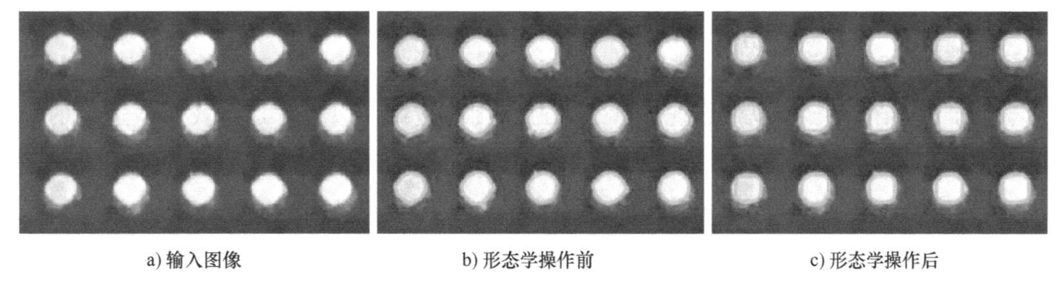

a) 输入图像　　b) 形态学操作前　　c) 形态学操作后

图 7-18　对圆形开运算的操作效果

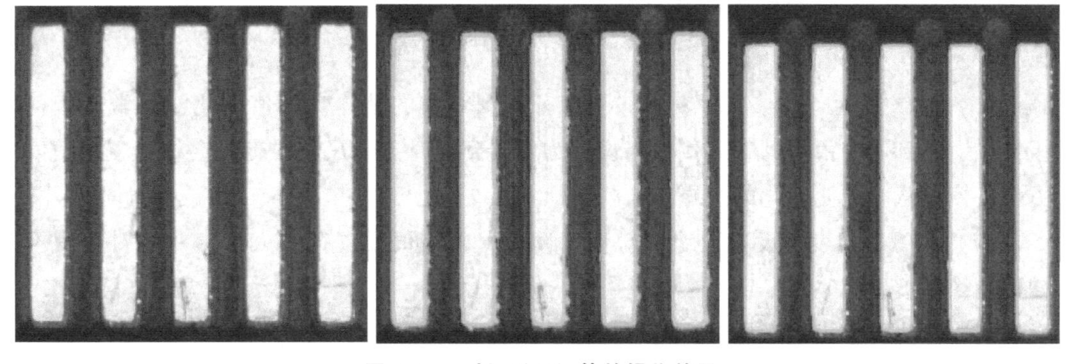

图 7-19　对矩形开运算的操作效果

（18）操作核大小　滤波器滑窗尺寸的大小，滑窗尺寸为奇数，如 3、5、7…，滑窗尺寸越大，则形态学处理程度越强。

（19）ROI 区域选择　默认为全图区域，即在整个图像上查找斑点，也可以选择部分区域，通过选择不同的形状和操作类型来设定斑点查找范围。

4. 找边

找边工具主要用于查找图像中的直线。在图像中放置一系列卡尺工具，根据卡尺工具得到的边缘点集结果拟合出直线。找边算法效果如图 7-20 所示，其中蓝色卡尺为期望线段区域，红色箭头为搜索方向，绿色直线为卡尺找到的直线。

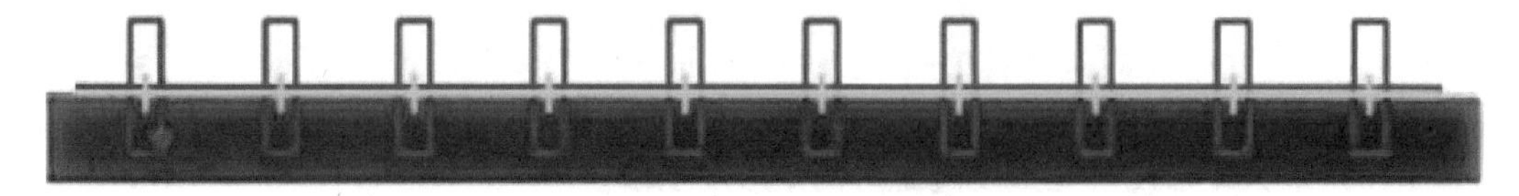

图 7-20　卡尺找边效果

（1）卡尺个数　即找边卡尺的数量，每个卡尺通过明暗对比找到一个点，多个点之间就可以拟合形成直线，这就是想要的特征了。

（2）搜索长度、投影长度　分别描述卡尺在搜索方向和投影方向的尺寸。如图 7-20 中的红色箭头的方向为搜索方向，另一条与边平行的方向为投影方向。

（3）忽略点个数　在用卡尺查找边线时，默认情况下所有卡尺查找到的点都参与直线的形成，但在忽略掉几个点后，会将误差最大的几个点忽略掉，用剩余相对较准的点形成直线。

（4）搜索方向　即卡尺搜索明暗变化的方向。

（5）边缘模式　单边缘是查找单条黑白过渡的边缘，边缘对是查找两条边缘的中心，如图 7-21 所示。

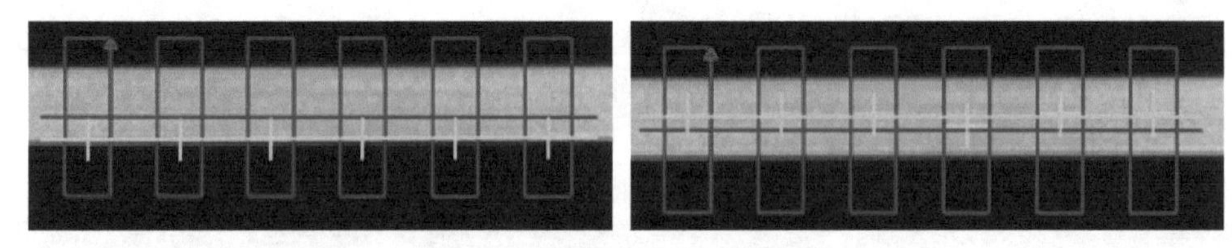

图 7-21　查找单边缘与边缘对

（6）边缘极性　边缘极性表示从图像背景到对象的整体灰度值变化，通常有任何极性、由暗到明、由明到暗。例如当设置为由暗到明时，卡尺直线工具会根据卡尺搜索方向去搜索从暗到明变化的边缘。

（7）边缘对比度　设置边缘的对比度阈值，若该值设置得较大，则一些对比度不强的边缘将被过滤。

找边算法配合模板匹配进行自动定位，当目标匹配不到时，找边卡尺会发生偏离，因此要注意自动找边需保证图像中目标能被匹配到，如图 7-22 所示。此外，由于卡尺工具具有搜索方向，应根据实际情况来设置边缘极性参数，若不根据实际情况进行调整，容易引发错误。

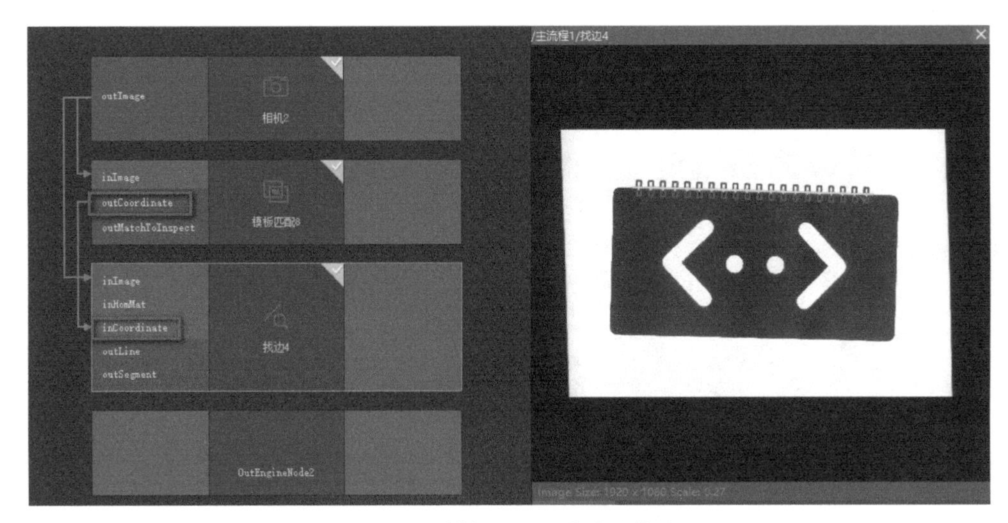

图 7-22　模板匹配配合找边算法

5. 找圆

找圆工具在图像中放置一系列卡尺工具，根据卡尺工具得到的边缘点集结果拟合出圆，用于圆的定位与测量。找圆算法效果如图 7-23 所示，其中蓝色卡尺为期望圆弧区域，绿色圆即为找到的圆。

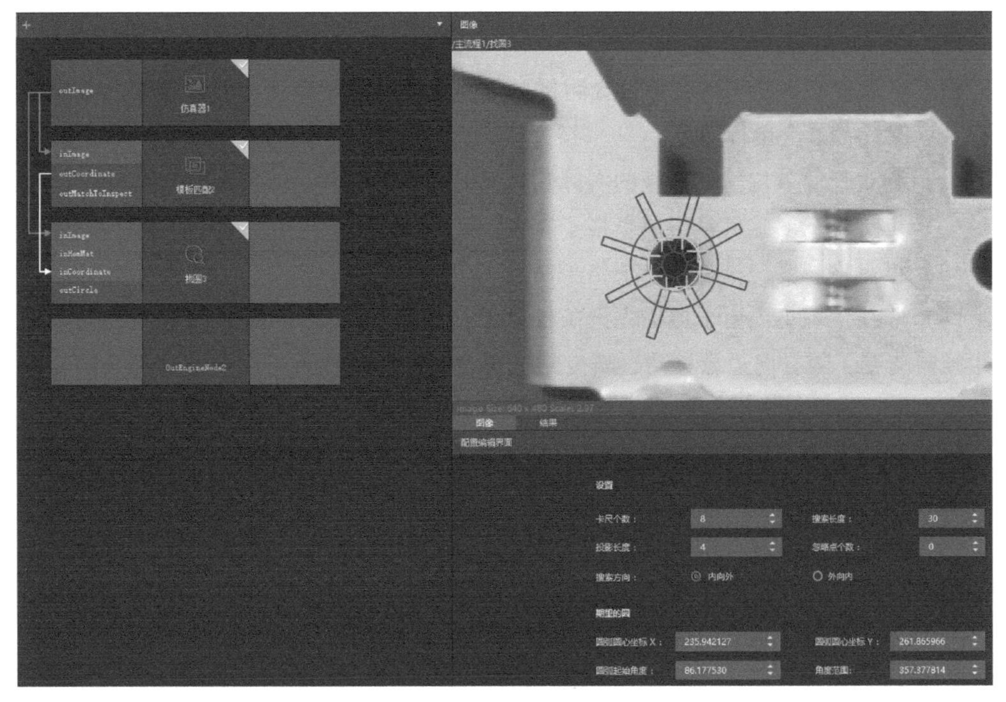

图 7-23　找圆算法效果

7.1.3 标定

1. 棋盘格标定

棋盘格标定算法用于建立棋盘格所在平面和图像平面的关系，计算图像坐标映射到世界坐标的透视变换，输出标定文件，如图 7-24 所示。操作流程如下：

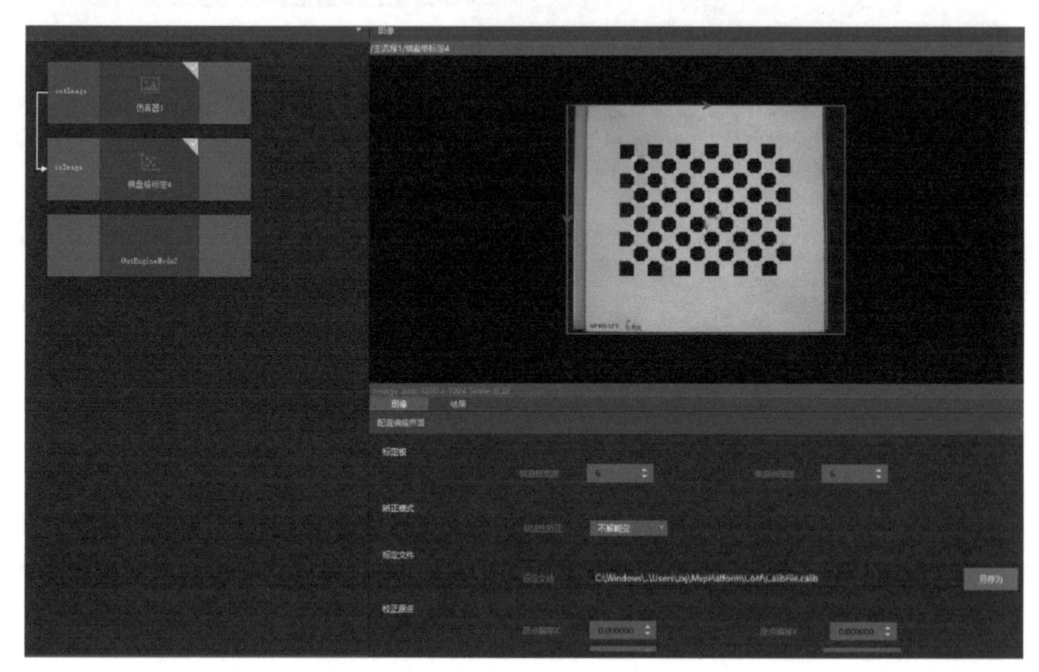

图 7-24 棋盘格标定算法

输入棋盘格的宽度和高度，设置测量单位，选择是否解畸变，并设置好文件路径和校正原点位置，单击运行即可。

(1) 测量长度单位　标定板的实际物理尺寸单位。

(2) 棋盘格宽度　棋盘格单个格子宽度。

(3) 棋盘格高度　棋盘格单个格子高度。

(4) 非线性矫正　由于透镜先天条件原因（透镜形状），会造成图像围绕光学中心产生径向畸变，随着向边缘移动，畸变越厉害，开启非线性矫正可抵消这部分畸变带来的精度损失。通常情况下若图像无畸变，可关闭该功能，设置不解畸变。

(5) 标定文件　用于存放标定结果，通常存放于默认路径即可，若有需要用户可自行配置其他路径。

(6) 校正原点　运行棋盘格标定算子后，算子会给出一个内部计算的原点，若返回的原点跟预期不一致，可通过以下 3 个参数来校正：

① 原点偏移 X　原点位置沿 X 轴偏移的实际尺寸。

② 原点偏移 Y　原点位置沿 Y 轴偏移的实际尺寸。

③ 坐标旋转角度　原点逆时针旋转的角度。

2. N 点标定

N 点标定算法根据输入或配置的 N 组坐标点对（图像坐标 & 世界坐标），如图 7-25 所示，计算将图像坐标映射到世界坐标的透视变换，并将图像的像素坐标转换到世界坐标，输出标定文件。

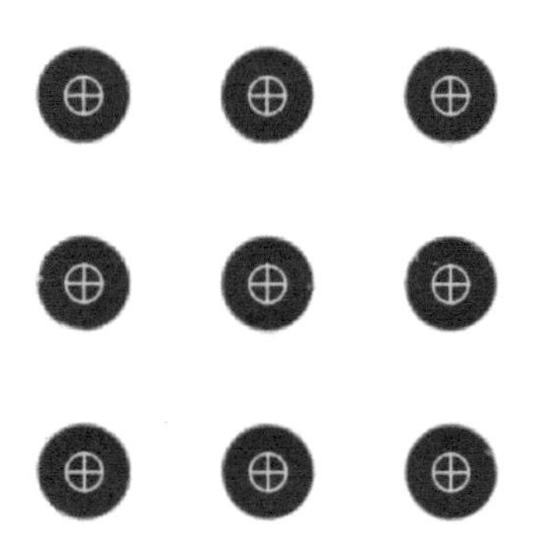

图 7-25　N 点标定

操作流程：添加图像坐标和对应的世界坐标，如图 7-26 所示，设置标定文件的路径。

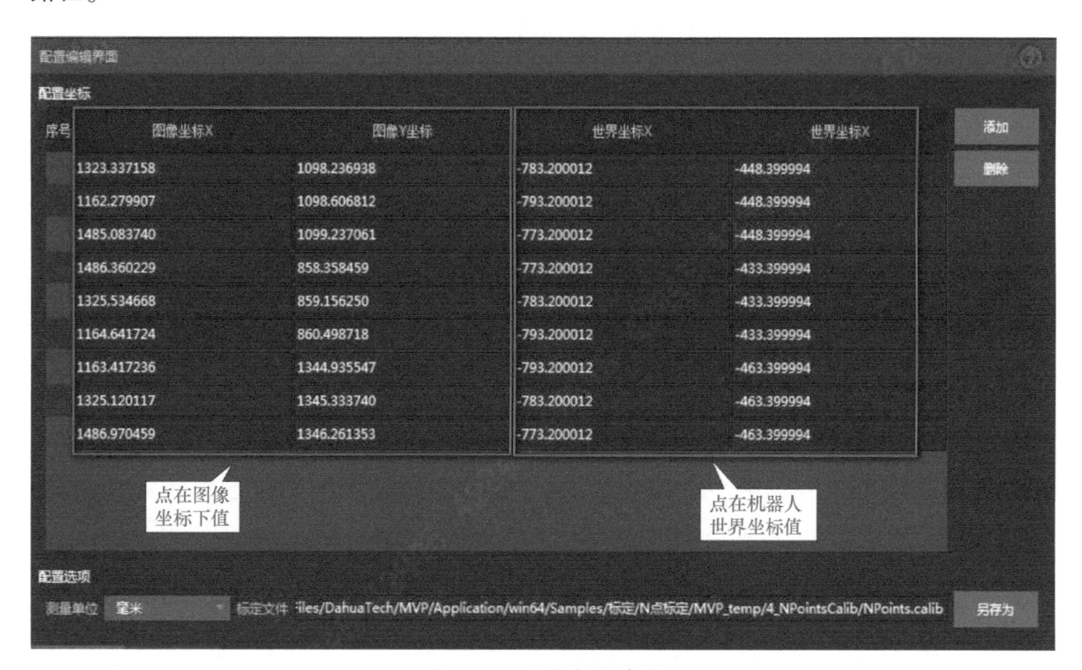

图 7-26　添加标定点列

3. 读取标定文件

读取标定文件算法，根据配置选择标定文件（棋盘标定算法等算法产生的），如图 7-27 所示，将其解析出标定信息并输出。

4. 坐标转换器

坐标转换器算法，根据配置选择标定文件（N 点标定算法等算法产生的），如图 7-28、

图 7-29 所示，利用标定数据，完成图像坐标与世界坐标间的转化。

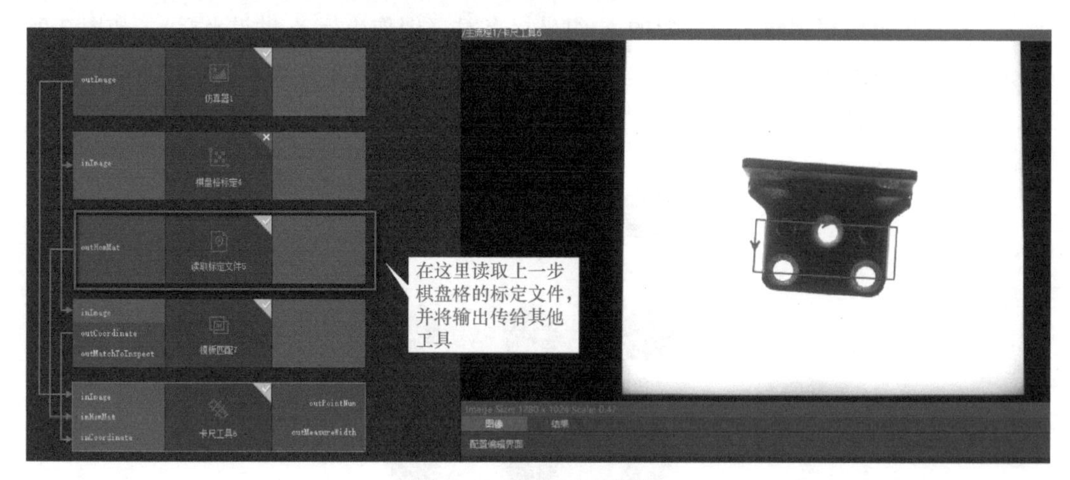

图 7-27　读取标定文件

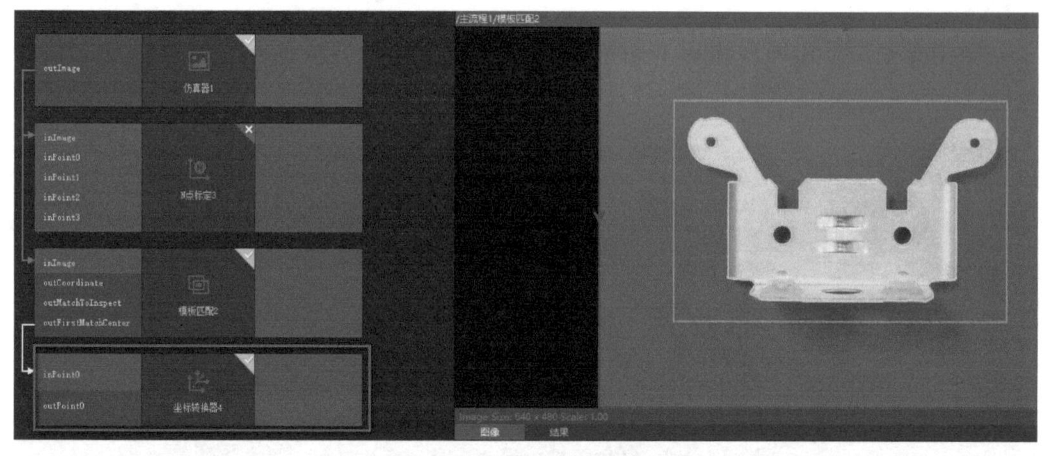

图 7-28　坐标转换器与定位算法配合

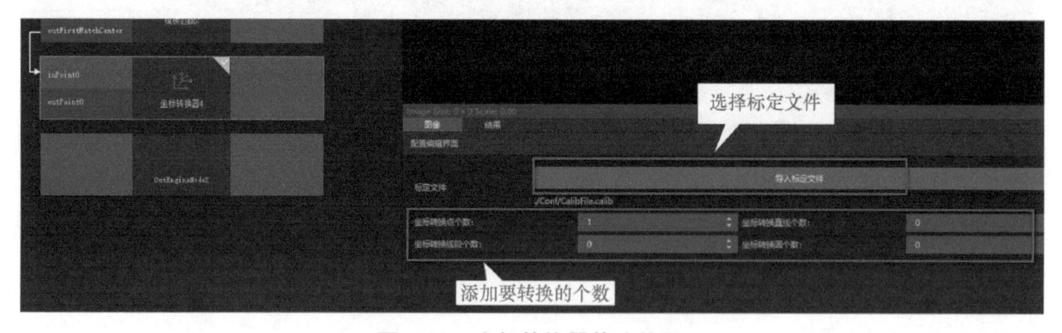

图 7-29　坐标转换器算法使用

7.1.4　测量

测量类算法比较多，但是使用方法很类似，这里以典型的卡尺工具、点到直线距离、直线与直线夹角为例讲解。

1. 卡尺工具

卡尺工具是一种测量目标对象的宽度、边缘的位置、特征或边缘对的位置和边缘对之间距离的视觉工具。卡尺工具在使用的时候，需要使用者提供期望测量的或者定位的大致区域、目标对象或是边缘的特性等，如图 7-30 所示。

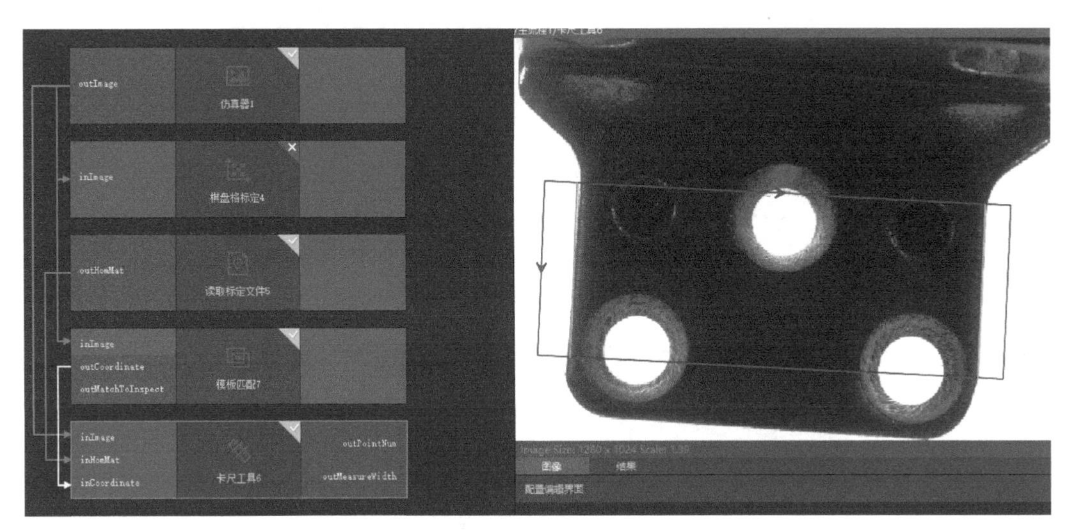

图 7-30　卡尺工具

添加卡尺工具算法，添加仿真器或者相机作为图片输入，可添加模板匹配算法输出作为此算法输入，按图 7-30 所示主流程连线后单机运行，在右上方显示区域看到矩形卡尺、找到的区域，在右下方区域进行配置参数设定，达到需要的效果。

(1) 边缘极性　有由暗到明、由明到暗和任何极性三种选择。

(2) 边缘对宽度　期望输出的边缘对的像素间距尺寸。

(3) 对比度阈值　即梯度阈值，范围 0~255，只有边缘梯度阈值大于该值的边缘点才能被检测到。数值越大，抗噪能力越强，得到的边缘数量越少，因此设置得过大时会导致目标边缘点被筛除。

(4) 过滤一半像素　用于增强边缘和抑制噪声，最小值为 1，当边缘模糊或有噪声干扰时，增大该值有利于使检测结果更加稳定，但如果边缘与边缘之间挨得太近，反而会影响边缘位置的精度，甚至丢失边缘，该值需根据实际情况设置。

2. 点与直线距离

点与直线距离算法从输入或者配置接收一个点和一条直线参数，根据接收参数求得点与直线之间的位置关系并输出，可切换到结果界面查看输出信息（点与圆之间的距离、直线上到已知点距离最短的点），如图 7-31 所示。

操作流程：添加点与直线距离算法，添加仿真器或者相机作为图片输入，按图 7-32 所示主流程连线后单机运行，在右上方显示区域看到输入的直线，在右下方区域进行配置参数设定（也可添加其他算法用起输出作为此算法的输入），达到需要的效果。

图 7-31　点到直线距离测量

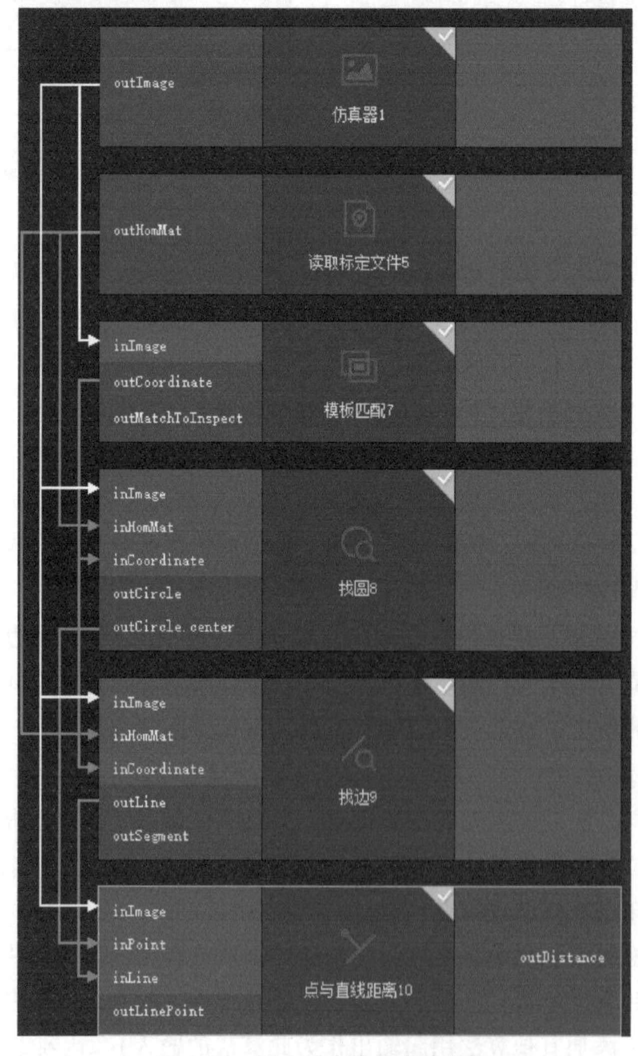

图 7-32　圆心到直线距离的测量

3. 直线与直线夹角

直线与直线夹角算法从输入或者配置接收两条直线参数，根据接收参数求得两直线之间的夹角并输出，如图 7-33 所示，可切换到结果界面查看输出信息（夹角大小，提示：直线平行、重合时夹角为 0）。

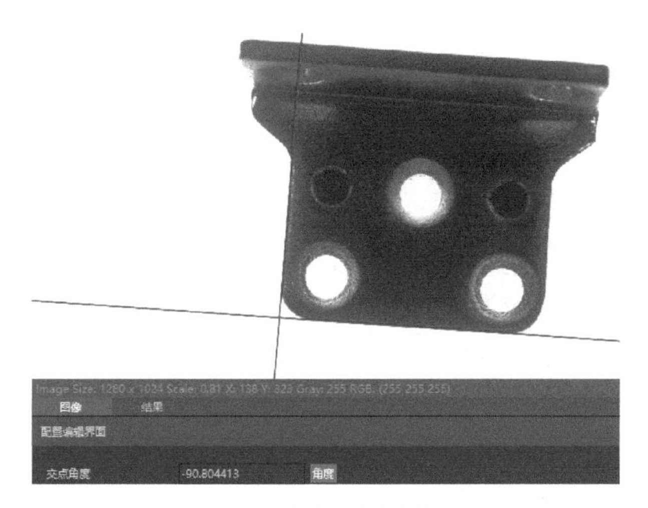

图 7-33　两直线间夹角测量效果

添加直线与直线夹角算法，添加仿真器或者相机作为图片输入，按图 7-34 所示主流程连线后单机运行，在右上方显示区域看到输入的直线，在右下方区域进行配置参数设定（也可添加其他算法用起输出作为此算法的输入），达到需要的效果。

7.1.5　识别

1. 条码

条码识别算法用于精确定位图片中一维码的位置并解析其包含的字符信息。算法平台支持的解码类型包括 CODE128、EAN-13、CODE39、EAN-8、UPCA、UPCE、CODE93、ITF25、CODABAR 等，如图 7-35 所示。使用者可以根据需求对解码类型进行配置。条码的典型应用场景包括但不限于物流作业或其他场景中，对条码的识别和解码如图 7-36 所示。

（1）条码数　算法输出的条码个数小于等于所设置的条码数量。假设相机视野中有 10 个码，条码数量配置 5，结果输出 5 个码；假设相机视野中有 1 个码，条码数量配置 5，结果输出 1 个码。条码数量过大会增加算法耗时，建议根据实际使用场景配置。

（2）条码类型　支持解码类型包括 CODE128、EAN-13、CODE39、EAN-8、UPCA、UPCE、CODE93、ITF25、CODABAR，默认全部开启；使用时建议根据实际情况勾选对应的条码类型，过多的条码类型会增加算法耗时。

（3）质量评价　打开时，结果界面会增加输出条码质量栏。

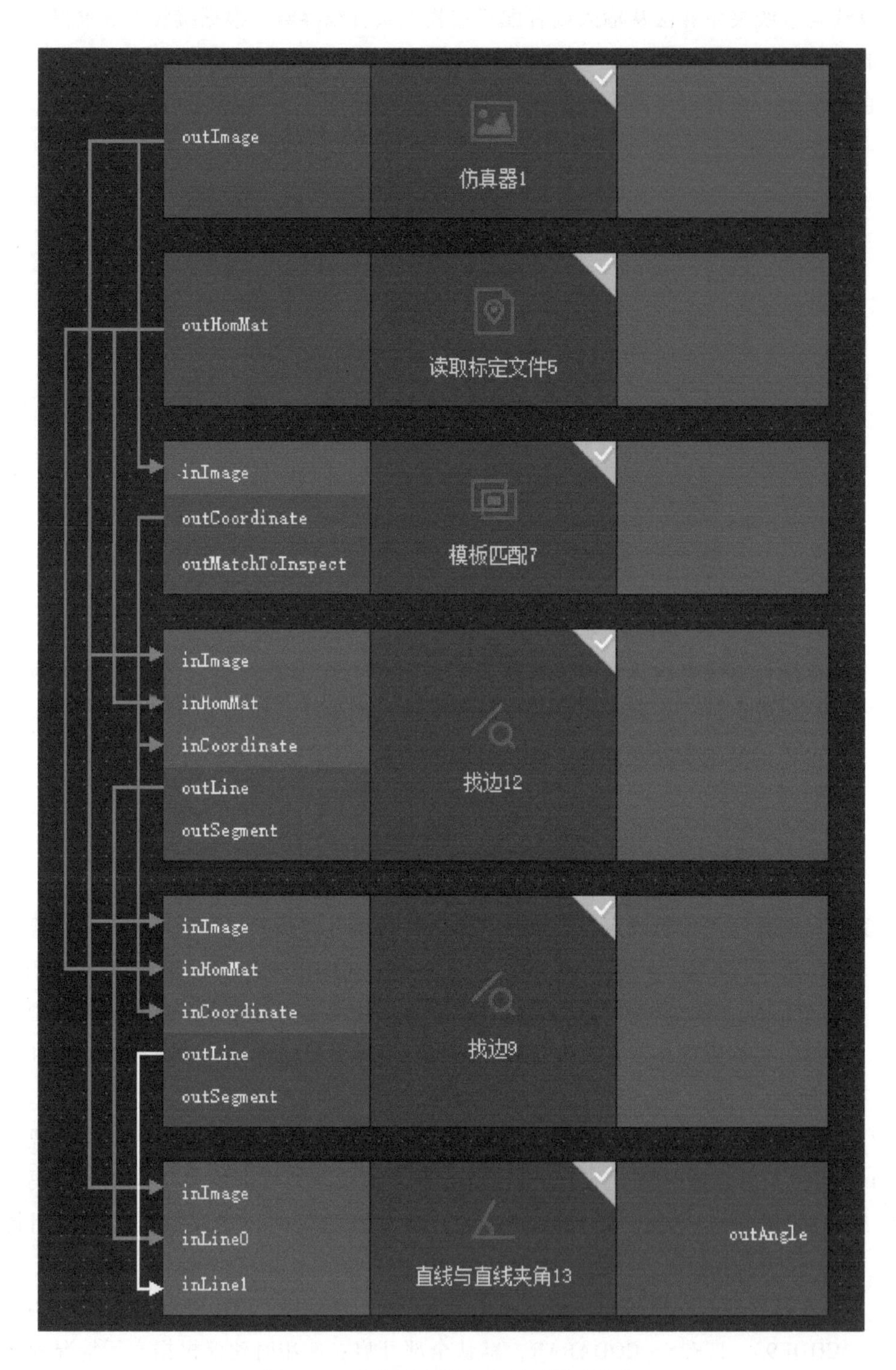

图 7-34　直线与直线夹角测量算法使用

图 7-35 读码算法支持的码类型

图 7-36 快递面单解码

2. 二维码

二维码识别算法会对图像中的二维码进行定位并解码，如图 7-37 所示。算法平台软件支持解码类型包括 DM 码和 QR 码，如图 7-38 所示。

图 7-37　二维码识别算法

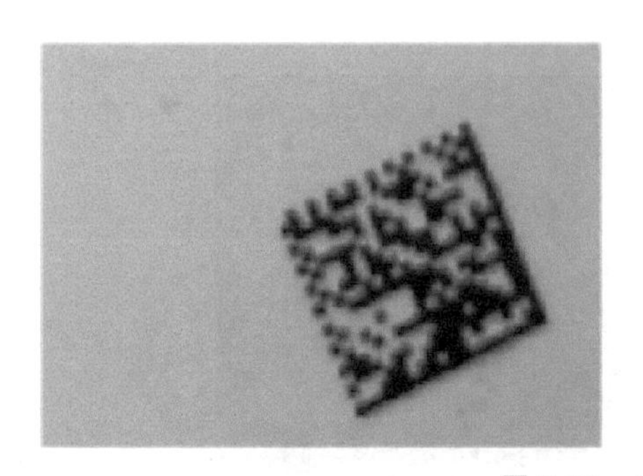

图 7-38　DM 码和 QR 码

（1）二维码类型：支持 DM 码和 QR 码，默认全部开启，使用时建议根据实际情况勾选对应的二维码类型，全选时会增加算法耗时。

（2）定位符极性：码区相对背景间的亮暗情况，如图 7-39 所示，使用时建议根据实际情况选择，选择任意时会增加算法耗时。

3. 字符识别

字符识别主要包括 OCR 及 OCV 算法，如图 7-40 所示。

（1）OCR 算法

1）文本行定位：文本基于整张图像的自动文本行定位算法，可以自动识别文本行个数，同时也可以配合模板定位只选择单行文本进行识别。

图 7-39　不同极性的二维码

2）字库训练：支持在线训练字符模板，同时支持读取系统字体训练模板。

3）字符识别：基于模板匹配和神经网络的字符识别方法，支持英文、数字、符号及中文字符识别。

（2）OCV 算法

1）根据用户设定正则表达式得到用户自定义输出内容。

2）字符质量的评价。

图 7-40　OCR（字符识别）算法

7.1.6　逻辑控制

1. 数学表达式

数学表达式算法可以自己创建输入和输出参数，具体的参数类型为算法平台目前支持的数据类型，然后其可以通过输入的值进行运算，将运算结果赋值给输出结果，如图 7-41 所示。

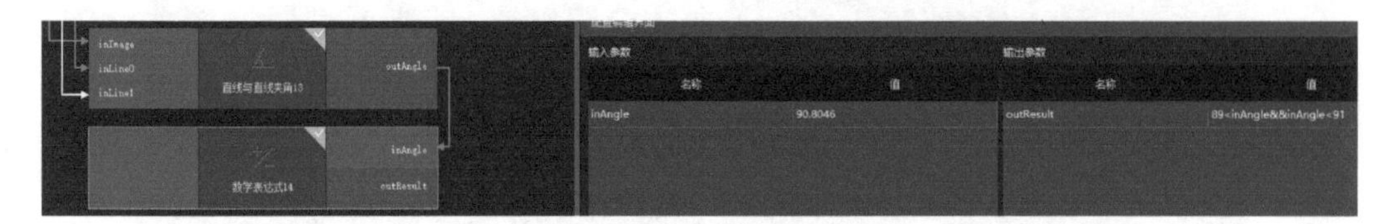

图 7-41　数学表达式算法

添加输入参数，如图 7-42 所示。

图 7-42　数学表达式算法添加输入参数

添加输出参数，如图 7-43 所示。

图 7-43　数学表达式算法添加输出参数

2. 分支节点

节点类似编程语言中的 Switch 语句，可以创建多个分支条件，当输入参数满足某一个分支条件时，会进入某一个特定模块，执行相应的操作。

双击添加分支节点算法，会弹出图 7-44 所示对话框，选择条件分支参数类型，同时填写参数值，然后单击“确定”按钮进入该分支。填写完以后单击“确定”按钮。即可生成一个条件分支。

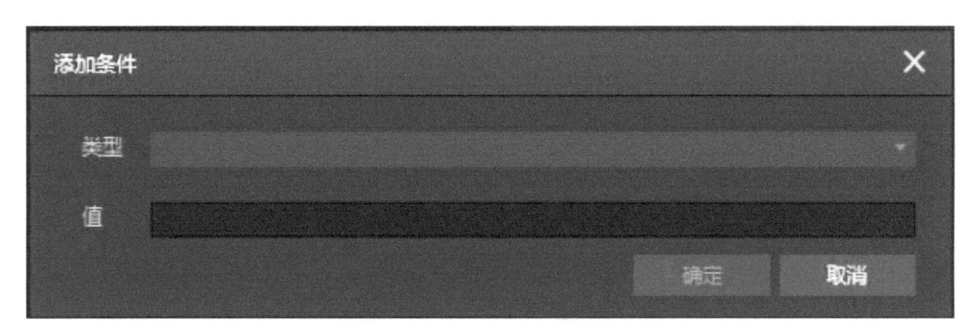

图 7-44　分支节点算法

当需要添加条件分支时，单击主流程下方的下拉列表，单击其中的“添加条件”分支，在弹出框内继续填写和之前参数类型相同的参数，即可添加对应的条件分支（图 7-45）。

图 7-45　添加条件分支

当条件分支创建后，在分支节点上会出现 Condition 的输入参数，根据输入参数的不同，会进入不同的条件分支，对分支内的算法进行处理，如图 7-46 所示。

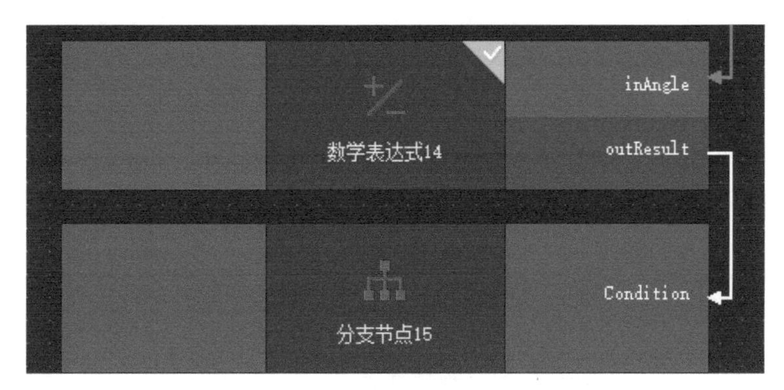

图 7-46　分支节点获取执行条件

7.1.7　通信

1. 串口配置

串口配置算子用于打开并设置计算机串口，并将得到的句柄即编号传给报文发送和接收类算法。上述两类算法利用串口配置算法打开的串口实现报文的发送和解析。串口配置算法必须与发送或接收类算法联合使用，否则没有意义，如图 7-47 所示。

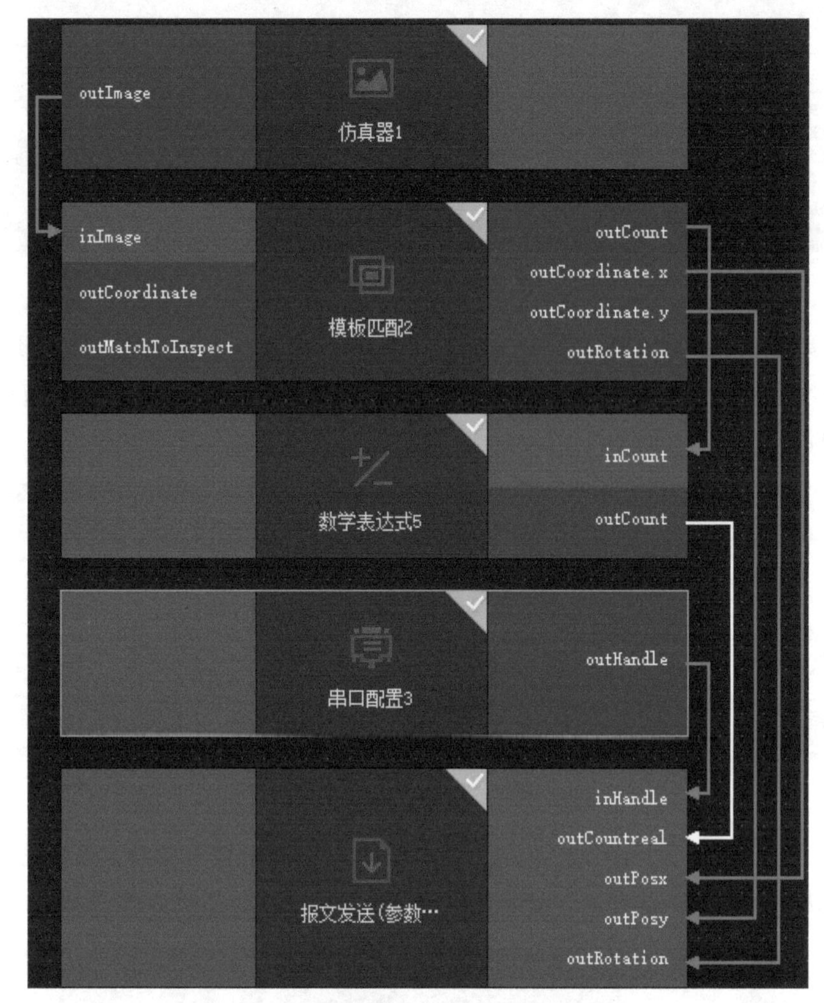

图 7-47 串口配置算法配合报文发送算法使用

添加串口配置和报文发送（参数可配）算法，outHandle 与报文发送的 inHandle 连接。调整端口号、波特率、奇偶校验、数据位、停止位到设定值，如图 7-48 所示，单

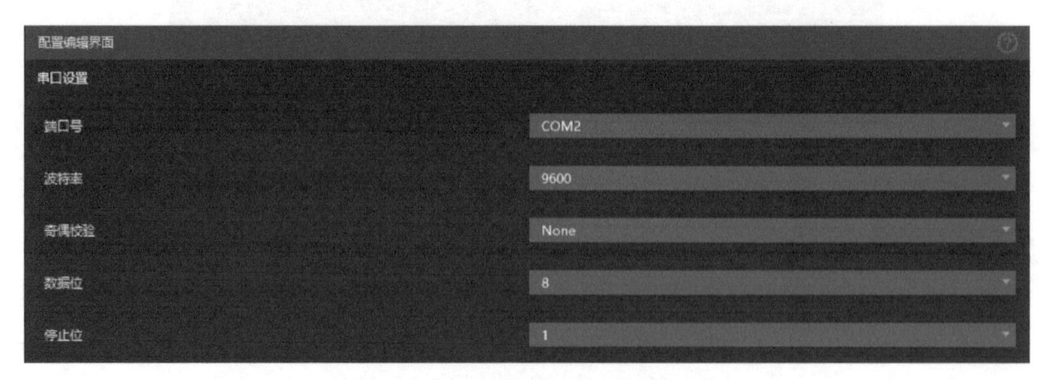

图 7-48 串口配置算法参数配置

击“单次运行”即可发送内容。报文接收算法的操作方法与发送类似。

2. 网络配置

网络配置算法用于打开并设置计算机网络，并将得到的句柄即编号传给报文发送和接收类算法。上述两类算法利用网络配置算法打开的网口实现报文的发送和解析。网络配置必须与发送或接收类算法联合使用，否则没有意义，如图 7-49 所示。

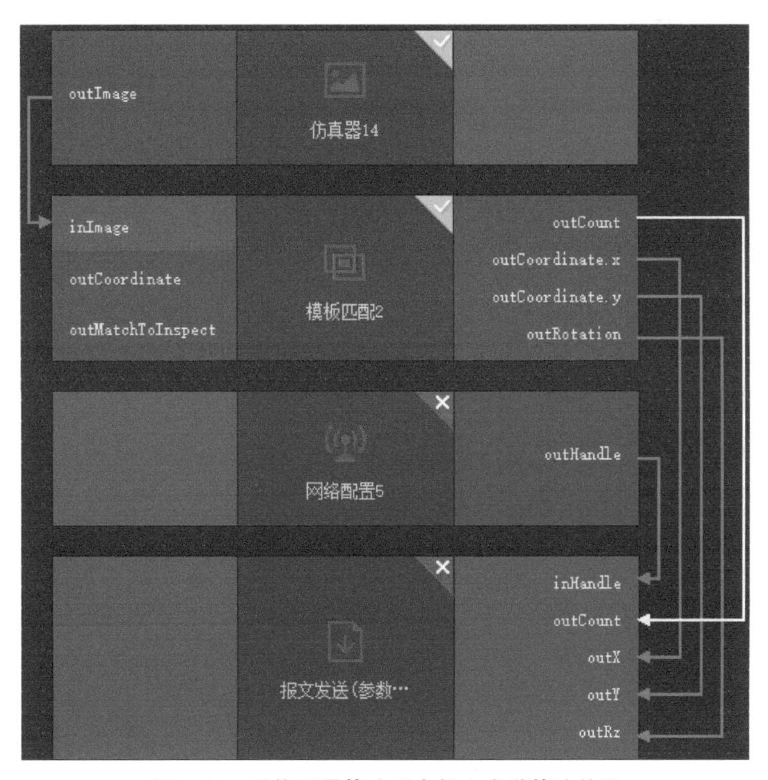

图 7-49　网络配置算法配合报文发送算法使用

添加网络配置和报文发送（参数可配）算法，outHandle 与报文发送的 inHandle 连接。调整协议、IP 地址和端口号到设定的值，如图 7-50 所示，单击“单次运行”即可发送内容。报文接收算子操作方法与之类似。

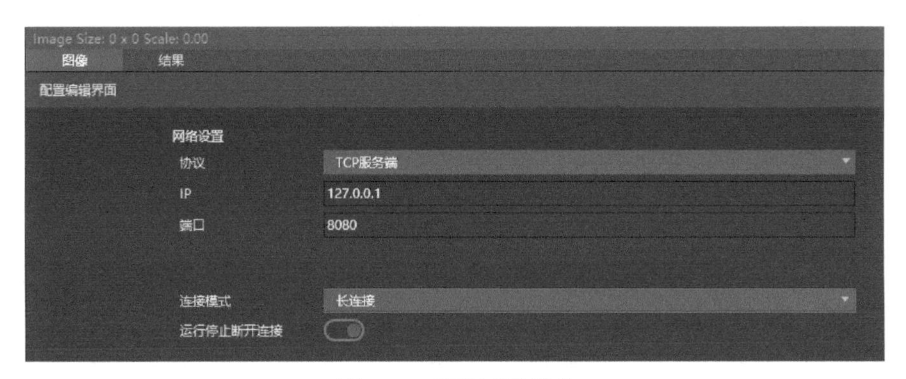

图 7-50　网络配置算法

3. 报文发送

报文发送利用 Python 脚本将发送内容组合成报文并将其通过串口或网络发送给其他设备或软件，如图 7-51 所示。

图 7-51　报文发送算法设置脚本路径

操作流程首先编辑脚本，将发送的值组合成报文的形式；其次选择该脚本；再次将需要输出的参数和网络配置或串口配置的句柄连接到该脚本；最后单击“运行”即可发送数据。

4. 报文发送（参数可配置）

报文发送（参数可配）通过预先定义的协议格式发送数据到外部设备或外部软件。

操作流程如下：

1）正常添加网络配置或串口配置和报文发送（参数可配）算法并将 outHandle 连接到 inHandle（图 7-52）。

图 7-52　添加好报文发送（参数可配置）算法

2）单击配置发送数据，在新对话框中添加输出参数，并配置其类型名称后单击“确定”按钮完成，如图 7-53 所示。

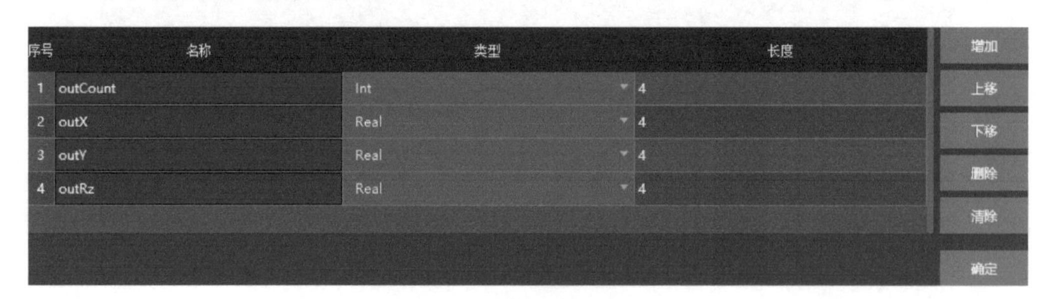

图 7-53　配置发送的数据

3）添加需要输出参数的算法，并将输出的参数对应到发送算法的输入。

完成设置后，算法会将数据利用发送算法配置的格式按照用户在第二步中设定的顺序组成一条报文发送给其他设备或软件。

5. **报文接收**（参数可配置）

报文接收（参数可配置）通过预先定义的协议格式将接收到的报文解析为特定的值并输出给其他算法使用。

操作流程：

1）正常添加网络配置或串口配置和报文接收（参数可配）算法，并将 outHandle 连接到 inHandle，如图 7-54 所示。

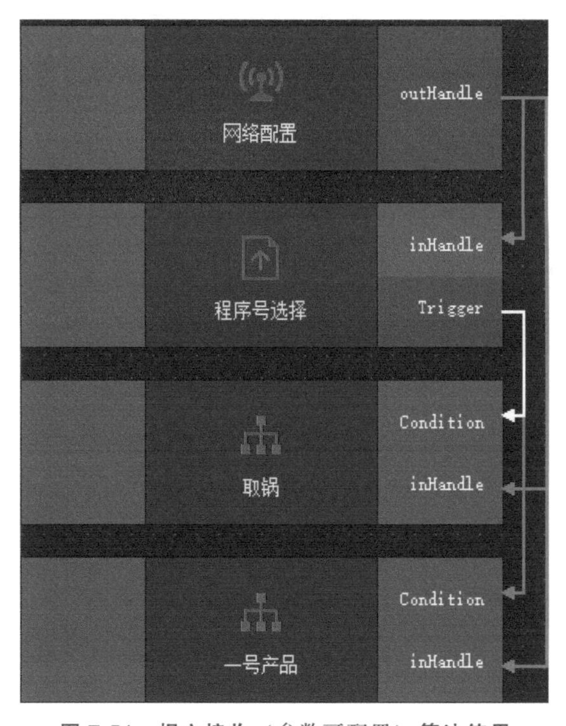

图 7-54　报文接收（参数可配置）算法使用

2）单击算法，配置接收数据，在新对话框中添加输入参数，并配置其类型名称后单击“确定”按钮完成，如图 7-55 所示。

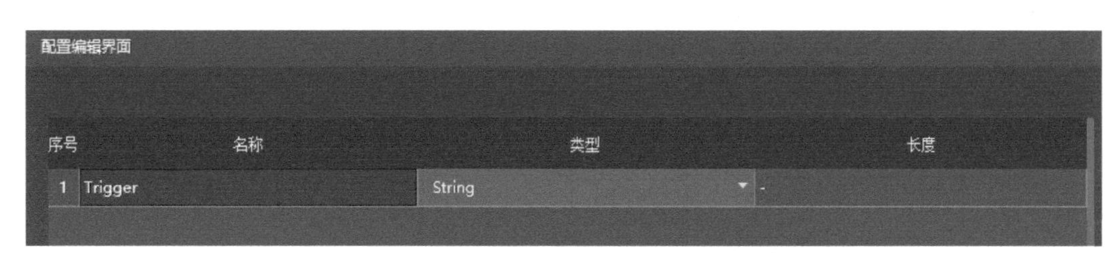

图 7-55　配置报文接收（参数可配置）算法

3）添加需要输出参数的算法，并将输出的参数对应到接收算法的输出。

完成设置后，算法会将数据利用接收算法配置的格式按照用户在第二步中设定的顺序解析报文。

7.1.8 辅助工具

1. 分析脚本

MVP 支持 Python 脚本，通过脚本可以增加 MVP 的功能，实现对数据的处理、格式的转换、内容存储等，如图 7-56 所示。

MVP › Application › win64 › Conf › analyticScript

图 7-56　分析脚本算法的使用

2. 脚本存储在软件安装文件夹下

将图 7-57 所示的脚本文件的字符识别结果保存在 ocr. csv 文件中，ocr. csv 文件如图 7-58 所示。

```python
import json
import struct

def getInputParam(str):
    ret = {}
    ret['inStringArray'] = 'StringArray'
    return json.dumps(ret).replace("'", '"')

def getOutputParam(str):
    ret = {}
    return json.dumps(ret).replace("'", '"')

def process(strInParam):
    objInParam = json.loads(strInParam)
    objOutParam = {
                    'errorCode' : 0,
                    'result' : True
                  }
    fl = open('.ocr.csv','a+')
    ocrval = objInParam['inStringArray']
    fl.write(str(ocrval))
    fl.write('\n')
    fl.close()

    return json.dumps(objOutParam).replace("'", '"')
```

图 7-57　用于保存字符内容的脚本

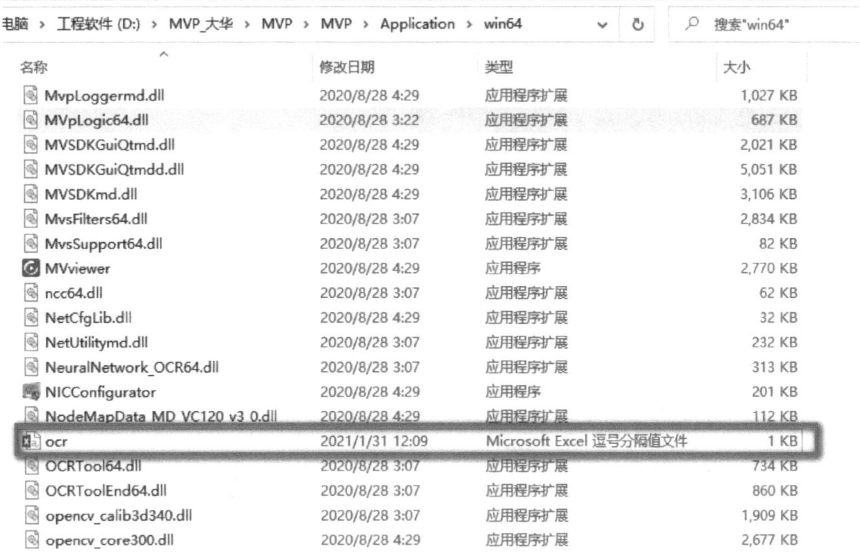

电脑 › 工程软件 (D:) › MVP_大华 › MVP › MVP › Application › win64　　搜索"win64"

名称	修改日期	类型	大小
MvpLoggermd.dll	2020/8/28 4:29	应用程序扩展	1,027 KB
MVpLogic64.dll	2020/8/28 3:22	应用程序扩展	687 KB
MVSDKGuiQtmd.dll	2020/8/28 4:29	应用程序扩展	2,021 KB
MVSDKGuiQtmdd.dll	2020/8/28 4:29	应用程序扩展	5,051 KB
MVSDKmd.dll	2020/8/28 4:29	应用程序扩展	3,106 KB
MvsFilters64.dll	2020/8/28 3:07	应用程序扩展	2,834 KB
MvsSupport64.dll	2020/8/28 3:07	应用程序扩展	82 KB
MVviewer	2020/8/28 4:29	应用程序	2,770 KB
ncc64.dll	2020/8/28 3:07	应用程序扩展	62 KB
NetCfgLib.dll	2020/8/28 4:29	应用程序扩展	32 KB
NetUtilitymd.dll	2020/8/28 3:07	应用程序扩展	232 KB
NeuralNetwork_OCR64.dll	2020/8/28 3:07	应用程序扩展	313 KB
NICConfigurator	2020/8/28 4:29	应用程序	201 KB
NodeMapData_MD_VC120_v3_0.dll	2020/8/28 4:29	应用程序扩展	112 KB
ocr	2021/1/31 12:09	Microsoft Excel 逗号分隔值文件	1 KB
OCRTool64.dll	2020/8/28 3:07	应用程序扩展	734 KB
OCRToolEnd64.dll	2020/8/28 3:07	应用程序扩展	860 KB
opencv_calib3d340.dll	2020/8/28 3:07	应用程序扩展	1,909 KB
opencv_core300.dll	2020/8/28 4:29	应用程序扩展	2,677 KB

图 7-58　脚本保存的文件

7.2　其他品牌机器视觉软件简介

7.2.1　HALCON

HALCON 是德国 MVtec 公司开发的一套标准的机器视觉算法包，如图 7-59 所示，拥有应用广泛的机器视觉集成开发环境，节约了产品成本，缩短了软件开发周期。HALCON 灵活的架构便于机器视觉、医学图像和图像分析应用的快速开发。在欧洲以及日本的工业界已经是公认具有最佳效能的机器视觉软件。

HALCON 源自学术界，它有别于市面上一般的商用软件包。事实上，这是一套图像处理库，由 1000 多个各自独立的函数，以及底层的数据管理核心构成。其中包含了各类滤波、色彩以及几何、数学转换、形态学计算分析、校正、分类辨识和形状搜寻等基本的几何以及影像计算功能，由于这些功能大多并非针对特定工作设计的，因此只要用得到图像处理的地方，就可以用 HALCON 强大的计算分析能力来完成工作。HALCON 的应用范围几乎没有限制，涵盖医学、遥感探测、监控，到工业上的各类自动化检测。

HALCON 支持 Windows、Linux 和 Mac OS X 操作环境，它保证了投资的有效性。整个函数库可以用 C、C++、C#、Visual basic 和 Delphi 等多种普通编程语言访问。HALCON 为大量的图像获取设备提供接口，保证了硬件的独立性。它为百余种工业相机和图像采集卡提供接口，包括 GenlCam、GigE 和 IIDC 1394。

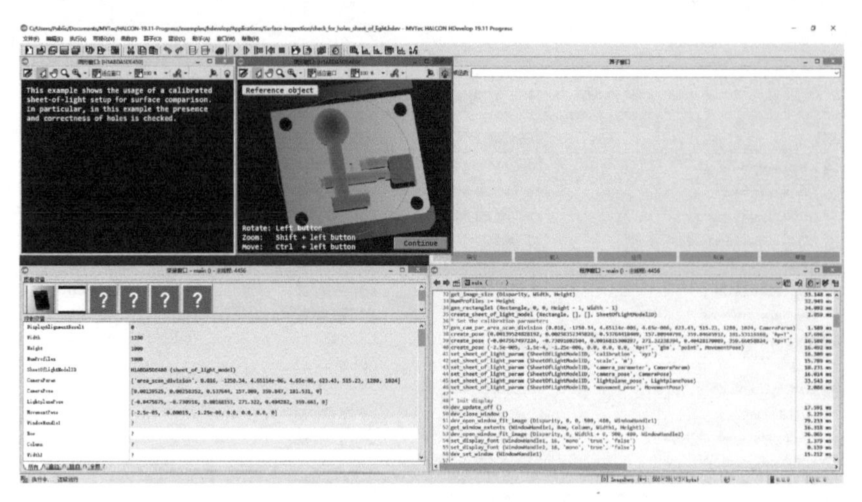

图 7-59　HALCON 软件界面

7.2.2　VisionPro

VisionPro 是美国康耐视公司开发的一套标准机器视觉算法软件，如图 7-60 所示，包含图像预处理、图像拼接、图像标定、视觉定位、测量和结果分析等功能，该软件可以直接与各类型相机、采集卡等相连，可以直接输出检测结果，并提供二次开发接口。

在 VisionPro 的 QuickBuild 环境中无须任何代码编程，只需拖拉操作就可以完成检查文件的设置，检测结果输出，可进行快速开发。QuickBuild 能与用户自己编写的程序无缝连接，实现数据共享，这使其更便于项目的快速开发，因此在工业检测领域得到广泛应用。

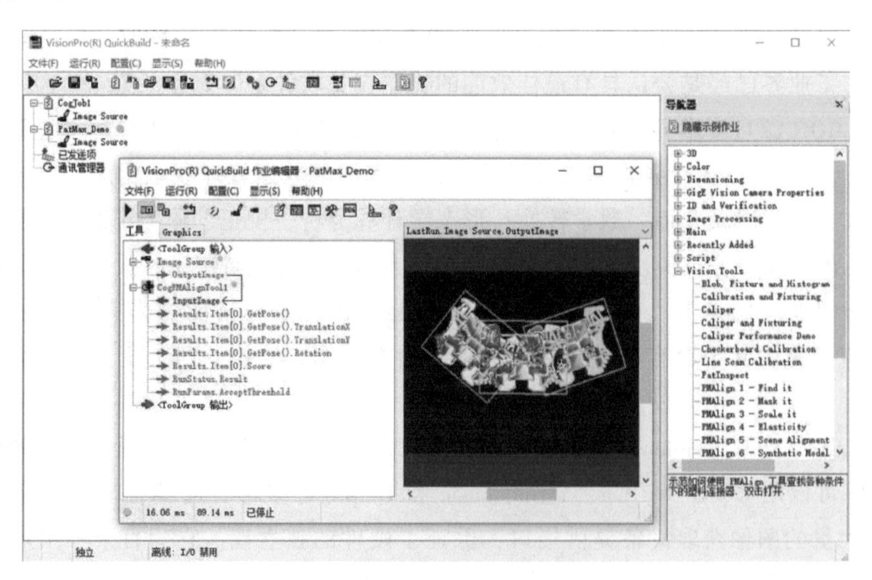

图 7-60　VisionPro 界面

7.2.3　NI 视觉

NI 视觉包含两个软件——NI 视觉开发模块（NI Vision Development Module）和用于自动检测的 NI 视觉生成器（NI Vision Builder for Automated Inspection）。视觉开发模块包含数以百计的视觉函数，NI LabVIEW、NI LabWindows/CVI、C/C++，或 Visual Basic 软件可以使用这些函数来编程，创建功能强大的视觉检测、定位、验证和测量应用程序。Vision Builder AI 是一个交互式的软件环境，无须编程即可配置、基准对比和发布机器视觉应用程序。NI Vision 界面如图 7-61 所示。

Vision Builder AI 包含了近 50 种常用的机器视觉工具，如模式匹配、OCR、DataMatrix 阅读器、色彩匹配，以及许多其他的工具。Vision Builder AI 也可以从任何 NI 所支持的摄像头中采集图像，使用常见的工业协议，并通过以太网、串行总线，或数字 I/O 来向其他设备传输检测结果。

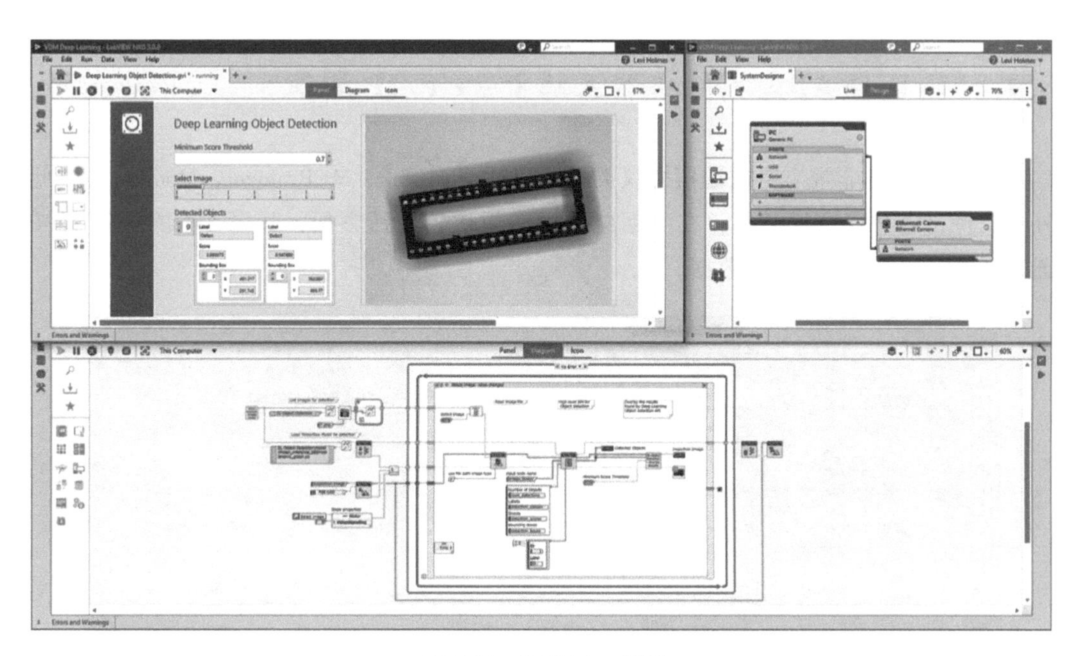

图 7-61　NI Vision 界面

第8章 机器视觉与其他设备的通信

8.1 MVP 与 ABB 工业机器人基于 TCP/IP 通信

MVP 提供了非常丰富的通信协议类型，包括 HostLink、MCProtocol、Modbus 等，此外也支持自定义的协议类型，在实际应用中使用比较灵活方便，如图 8-1 所示是 MVP 通过 TCP/IP 通信发送坐标数据。

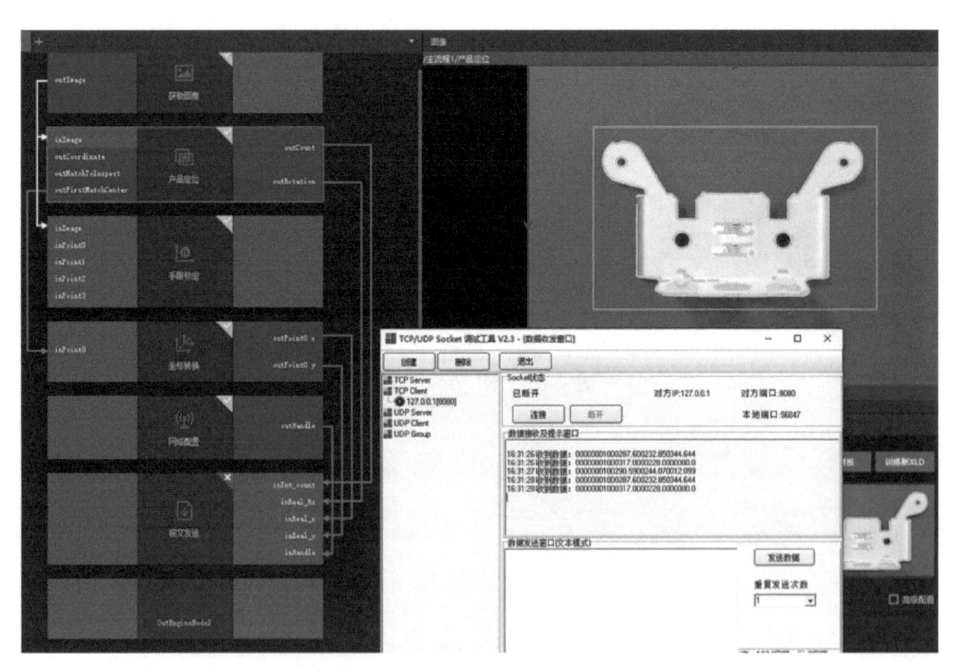

图 8-1 MVP 发送坐标数据

在 MVP 软件中按以下步骤操作：

1）在 MVP 软件中建立新的工程，并按图 8-2、图 8-3 所示，添加对应的算法，这里注意要把 MVP 设置为服务器。

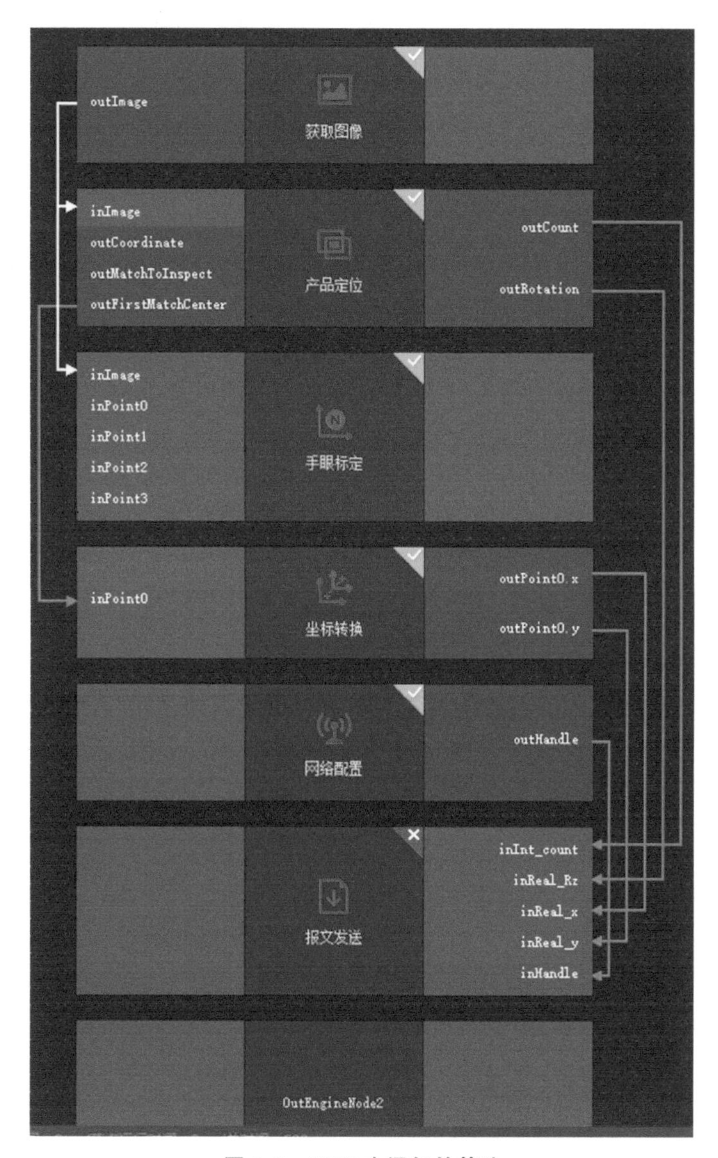

图 8-2　MVP 中添加的算法

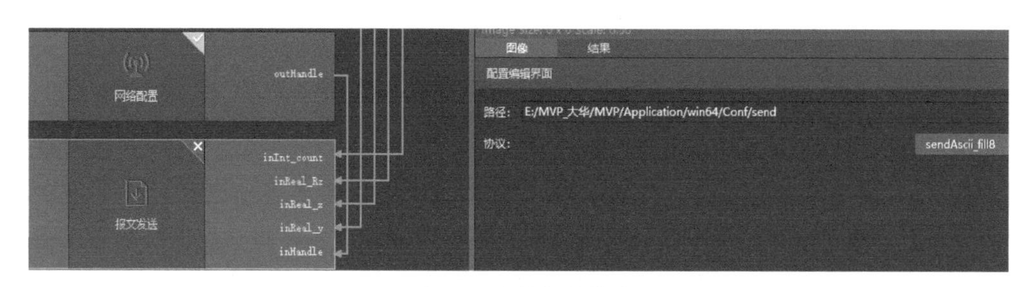

图 8-3　通信相关算法

2）报文发送算法里要选择对应的通信协议，这里选择用 Python 代码写好的通信协议，具体代码内容如图 8-4 所示。协议规定 MVP 依次发送四组数据，产品个数、位置 x、位置 y、产品角度，其中个数、位置 x 和 y，保留两位小数位，并且数据总长度为 8 位，产品角度保留三位小数位，数据总长度也是 8 位。

sendAscii_fill8.py - E:\MVP_大华\MVP\Application\win64\Conf\send\sendAscii_fill8.py (3.7.5)

File Edit Format Run Options Window Help

```
#-*- coding:utf-8 -*-
def getinputParamList(strVal):
    ret = {}
    #!定义输入参数 格式ret['inString'] = 'String'
    ret['inReal_x'] = 'Real'
    ret['inReal_y'] = 'Real'
    ret['inInt_count'] = 'Int'
    ret['inReal_Rz'] = 'Real'
    return repr(ret).replace("'", '"')

import struct
#!{1.12,1.12,0.00,0.00,0.00,1.12}
def getBody(strVal):
    obj = eval(strVal)
    #!获取输入参数,放入realVal
    str_x = str(str(round(obj['inReal_x'],2))).zfill(8)
    str_y = str(str(round(obj['inReal_y'],2))).zfill(8)
    str_count = str(str(obj['inInt_count'])).zfill(8)
    str_Rz = str(str(round(obj['inReal_Rz'],3))).zfill(8)
    comma = ','
    #!根据报文格式要求按序封装数据
    pack = str_count + str_x + str_y + str_Rz
    return len(pack), pack
```

图 8-4　报文发送协议的内容

3）使用 Socket 通信调试工具作为客户端，指定好服务器的 IP 地址和端口号，连接服务器，如图 8-5 所示，测试能否和 MVP 正确通信。

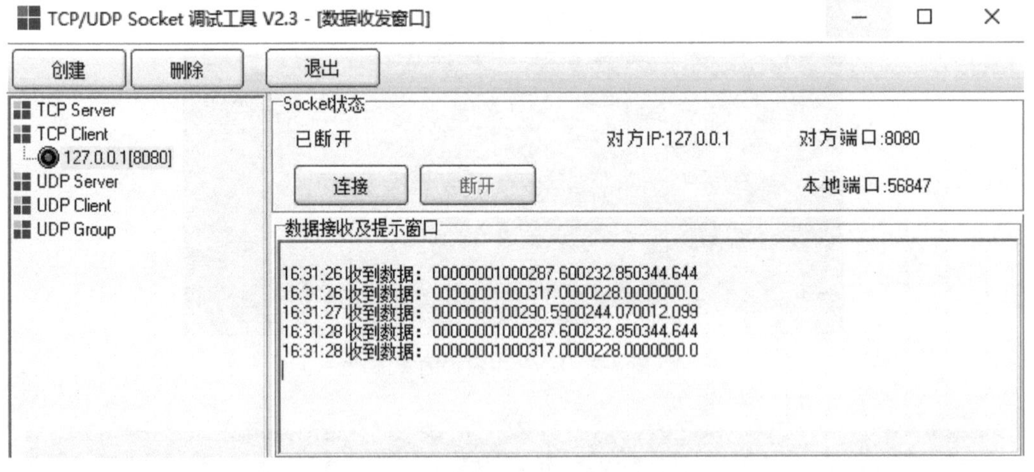

图 8-5　Socket 通信调试工具作为客户端

TCP/IP（Transmission Control Protocol/Internet Protocol，传输控制协议/互联网络协议）是 Internet 最基本的协议。在 Internet 没有形成之前，世界各地已经建立了很多小型网络，但这些网络存在着不同的网络结构和数据传输规则，要将它们连接起来互相通信，就好比要让使用不同语言的人们交流一样，需要建立一种大家都能听得懂的语言，而 TCP/IP 就能实现这个功能，它就好比 Internet 上的“世界语”。

建立一个 TCP 连接时，需要客户端和服务端总共发送 3 个包以确认连接的建立，称之 TCP 的三次握手。在 Socket 编程中，这一过程由客户端执行 connect 来触发，整个流程如图 8-6 所示。

（1）第一次握手　Client 将标志位 SYN 置为 1，随机产生一个值 seq=J，并将该数据包发送给 Server，Client 进入 SYN_SENT 状态，等待 Server 确认。

（2）第二次握手　Server 收到数据包后由标志位 SYN=1 知道 Client 请求建立连接，Server 将标志位 SYN 和 ACK 都置为 1，ack=J+1，随机产生一个值 seq=K，并将该数据包发送给 Client 以确认连接请求，Server 进入 SYN_RCVD 状态。

（3）第三次握手　Client 收到确认后，检查 ack 是否为 J+1，ACK 是否为 1，如果正确则将标志位 ACK 置为 1，ack=K+1，并将该数据包发送给 Server，Server 检查 ack 是否为 K+1，ACK 是否为 1，如果正确则连接建立成功，Client 和 Server 进入 ESTABLISHED 状态，完成三次握手，随后 Client 与 Server 之间可以开始传输数据了。

在 TCP 通信中有的时候还有四次握手的说法，四次握手即终止 TCP 连接，就是指断开一个 TCP 连接时，需要客户端和服务端总共发送 4 个包以确认连接的断开。在 Socket 编程中，这一过程由客户端或服务端任一方执行 close 来触发。

总结这其中连接的特点可以得出几条结论：

1）连接必须由客户端主动发起，服务器被动响应。

2）多个客户端可以连接一台服务器，但一个客户端不可以连接多台服务器。

3）连接需要有清晰的地址相关信息。

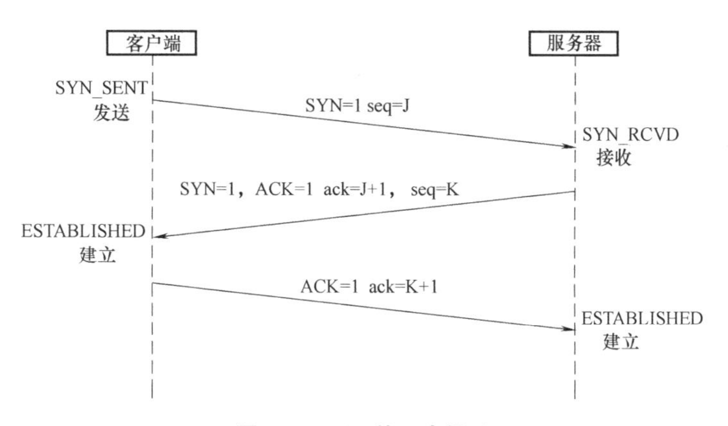

图 8-6　TCP 的三次握手

在计算机通信中，为了识别通信两端，必须要有一个类似于地址的识别码进行标识。数据链路中的 MAC 地址正是用来标识同一个链路中不同计算机的一种识别码。作为网络层的 IP，也有这种地址信息，一般叫作 IP 地址。IP 地址用于在“连接到网络中的所有主机中识别出进行通信的目标地址”。因此，在 TCP/IP 通信中所有主机或路由器必须设定自己的 IP 地址。

IP 地址（IPv4 地址）由 32 位正整数来表示。IP 地址在计算机内部以二进制方式被处理。然而，由于我们并不习惯于采用二进制方式，我们将 32 位的 IP 地址以每 8 位为一组，分成4组，每组以“.”隔开，再将每组数转换成十进制数。

一台计算机上同时可以运行多个程序。传输层协议正是利用端口号识别本机中正在进行通信的应用程序，并准确地将数据传输。因此，它也被称为程序地址。端口号范围在0~65535之间，其中0~1023为公认端口号，比如80端口分配给http服务，21端口分配给FTP等；1024~49151为注册端口号，可以分配给用户进程或应用程序；49152~65535为动态/私有端口。

从上面关于TCP/IP的协议介绍中可以知道，这种协议是比较复杂的，如果用户按照这样三次握手的过程实现通信，那么实现的难度就比较大，所以，比较常用的方法是通过Socket接口编程实现TCP/IP通信。

网络上的两个程序通过一个双向的通信连接实现数据的交换，这个双向链路的一端称为一个Socket。Socket通常用来实现客户方和服务方的连接。Socket是TCP/IP的一个十分流行的编程界面，一个Socket由一个IP地址和一个端口号唯一确定。但是，Socket所支持的协议种类也不只有TCP/IP一种，因此两者之间是没有必然联系的。

在ABB工业机器人中，用户同样可以通过Socket接口编程的方式实现TCP/IP通信，当然，这一前提是ABB工业机器人具有616-1 PC Interface选型功能，图8-7所示是ABB工业机器人作为客户端和服务器通信时的实现过程。

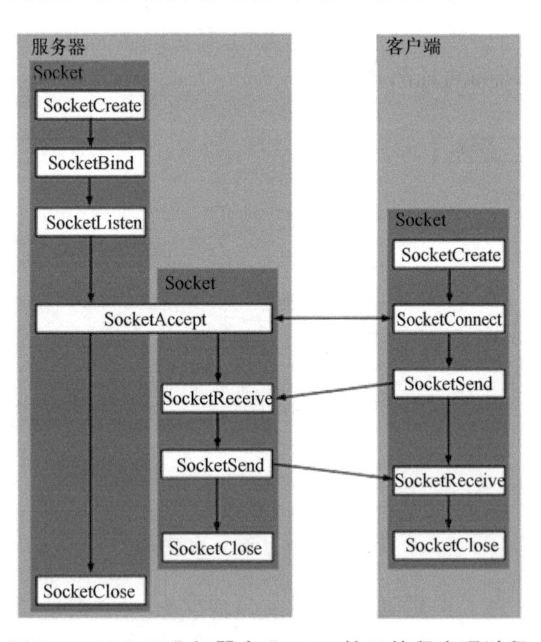

图8-7 ABB工业机器人Socket接口编程实现过程

下面是ABB工业机器人使用socket接口实现通信的具体程序。注意：这里是把机器人作为客户端去编写程序的。

```
MODULE vision_56
    ! 数据声明部分
    VAR socketdev socket_vision;
```

```
VAR string string_vision:="";
VAR string string_count:="";
VAR string string_x:="";
VAR string string_y:="";
VAR string string_Rz:="";
VAR num count:=0;
VAR bool flag1:=FALSE;
VAR num x:=0;
VAR bool flag2:=FALSE;
VAR num y:=0;
VAR bool flag3:=FALSE;
VAR num Rz:=0;
VAR bool flag4:=FALSE;
CONST robtarget p_base:=[[806.29,0.00,474.68],[1.25949E-07,0.137444,
0.99051,1.74768E-08],[0,0,0,0],[9E+09,9E+09,9E+09,9E+09,9E+09,9E+09]];
VAR robtarget
p_pick:=[[806.29,0.00,1154.00],[0.5,0,0.866025,0],[0,0,0,0],[9E+09,9E+
09,9E+09,9E+09,9E+09,9E+09]];
VAR num Ez:=0;
VAR num Ex:=0;
VAR num Ey:=0;
CONST jointtarget jpos_home:=[[0,0,0,0,60,0],[9E+09,9E+09,9E+09,9E+09,9E+
09,9E+09]];
PERS tooldata tool_Gripper:=[TRUE,[[0,0,0],[1,0,0,0]],[1,[0,0,20],[1,0,
0,0],0,0,0]];
PERS string IP_adress:="127.0.0.1";
VAR num port_num:=0;

!!! 具体程序内容
PROC r_pick()
    ! 这里的IP地址是服务器的IP地址,工业机器人作为客户端去连接服务器,需
要指定服务器地址
    IP_adress:="192.168.0.4";
    ! 通信双方共用的端口号
    port_num:=5001;
    begin:
```

MoveAbsJ jpos_home\NoEOffs, v1000, z50,tool_Gripper;

！通过 SocketCreate 命令创建 Socket 接口变量，类型为 socketdev，名称为 socket_vision

SocketCreate socket_vision;

！SocketConnect 命令通过 socket_vision 接口连接服务器，服务器的 IP 地址为 IP_adress，端口号为 port_ num

SocketConnect socket_vision, IP_adress, port_num;

！该信号用于触发相机拍照

PulseDO\PLength:=0.5, do_camera;

！接收来自服务器发送的数据并存储到 string_vision 变量里，这里要注意 string_vision 类型一定要为变量

SocketReceive socket_vision\Str:=string_vision;

TPWrite string_vision;

！关闭通信

SocketClose socket_vision;

!!！数据处理

！对于 string_vision 变量，从数据第一位开始，取数据的前 8 位，并将分割后的数据赋值给 string_count 变量

string_count:=StrPart(string_vision,1,8);

！将 string 类型数据 string_count 转化为 count 所对应的数据类型，最终值存储在变量 count 中，如果这一步转化成功，左边布尔变量 flag1 值变为 TRUE，否则为 FALSE

```
flag1:=StrToVal(string_count,count);
IF count = 0 THEN
    GOTO begin;
ENDIF
string_x:=StrPart(string_vision,9,8);
string_y:=StrPart(string_vision,17,8);
string_Rz:=StrPart(string_vision,25,8);
!
flag2:=StrToVal(string_x,x);
flag3:=StrToVal(string_y,y);
flag4:=StrToVal(string_Rz,Rz);
!
```

！记录抓取的基准点，包括高度、姿态和产品在训练时的角度信息，但 p_base 点并不需要到达，所以此处将这条指令备注掉

```
        ! MoveJ p_base,v1000, z50,tool_Gripper;
        p_pick:=p_base;
        IF flag1 AND flag2 AND flag3 AND flag4 THEN
        p_pick.trans.x:=x;
        p_pick.trans.y:=y;
        ! ABB 工业机器人的姿态是四元数，需要将四元数转化为欧拉角后再进行计算
        Ex:= EulerZYX(\X,p_pick.rot);
        Ey:= EulerZYX(\Y,p_pick.rot);
        Ez:= EulerZYX(\Z,p_pick.rot);
        Ez:= Ez + Rz ;
        p_pick.rot:= OrientZYX(Ez,Ey,Ex);
        MoveL Offs(p_pick,0,0,30), v1000, z50, tool_Gripper;
        MoveL p_pick, v1000, fine, tool_Gripper;
        MoveL Offs(p_pick,0,0,30), v1000, z50, tool_Gripper;
        ELSE
        TPWrite "failed to get position!";
        GOTO begin;
        ENDIF
        MoveAbsJ jpos_home\NoEOffs, v1000, z50,tool_Gripper;
    ENDPROC
ENDMODULE
```

8.2　MVP 与西门子 PLC 基于 TCP/IP 通信

在 Tia Portal（博图）软件中按如下步骤操作：

1）在博图软件中新建项目，如图 8-8 所示。

图 8-8　新建项目

2）在新建的项目中添加 PLC，本例以 CPU 1214C DC/DC/DC 为例，如图 8-9 所示。

3）在设备视图中对 PLC 属性进行设置，将通信负载由“20”改为“50”，如图 8-10 所示。

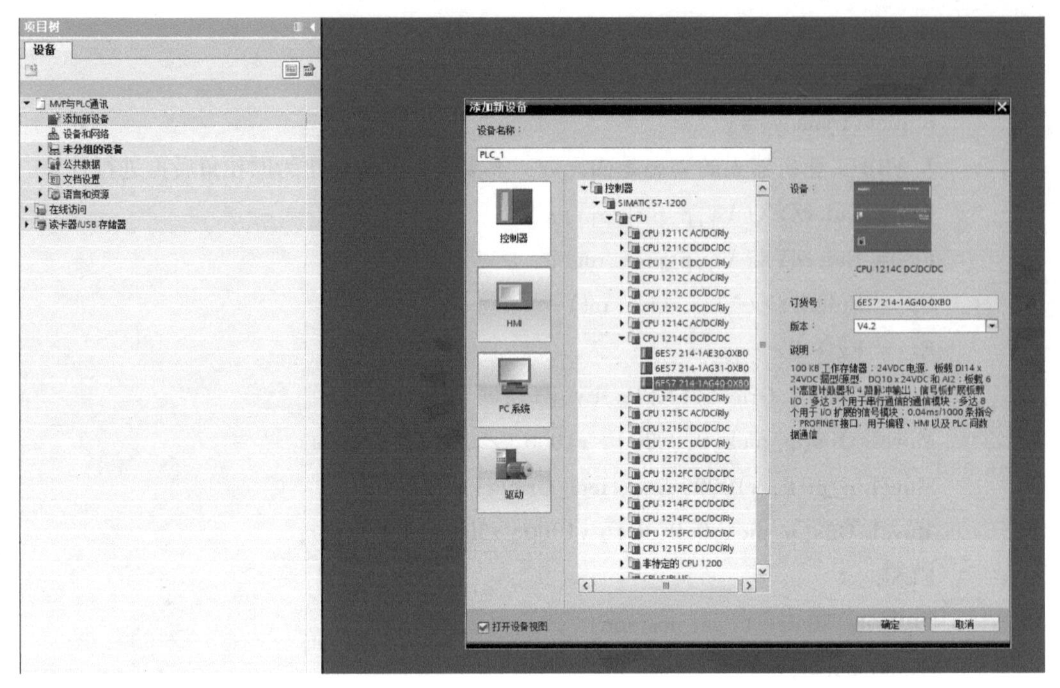

图 8-9　在博图中添加 PLC

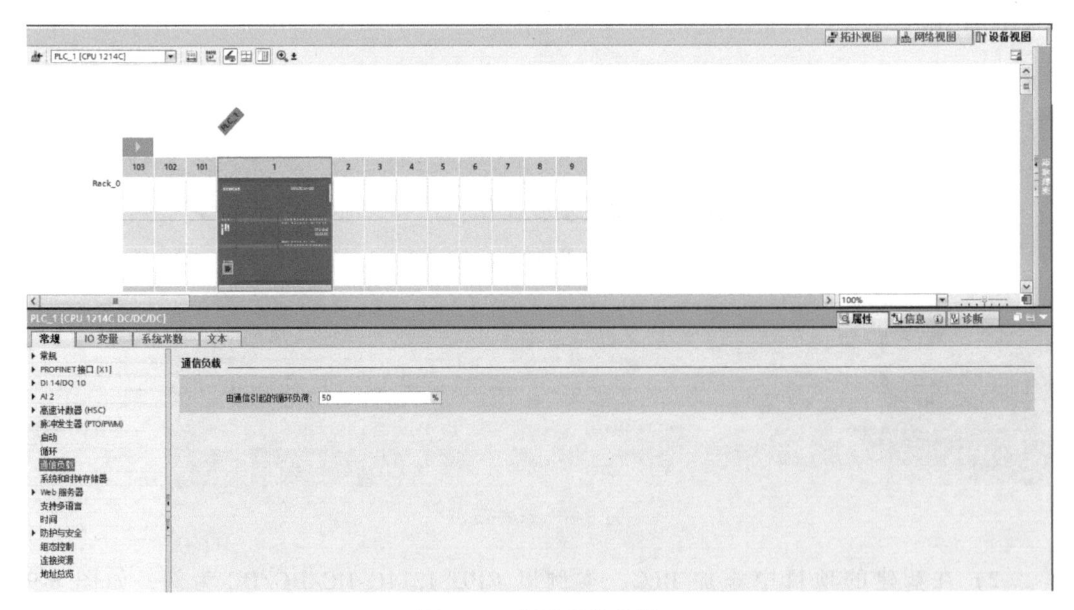

图 8-10　修改通信负载

4）在设备视图中对 PLC 属性选择系统存储器位和时钟存储器位，如图 8-11 所示。

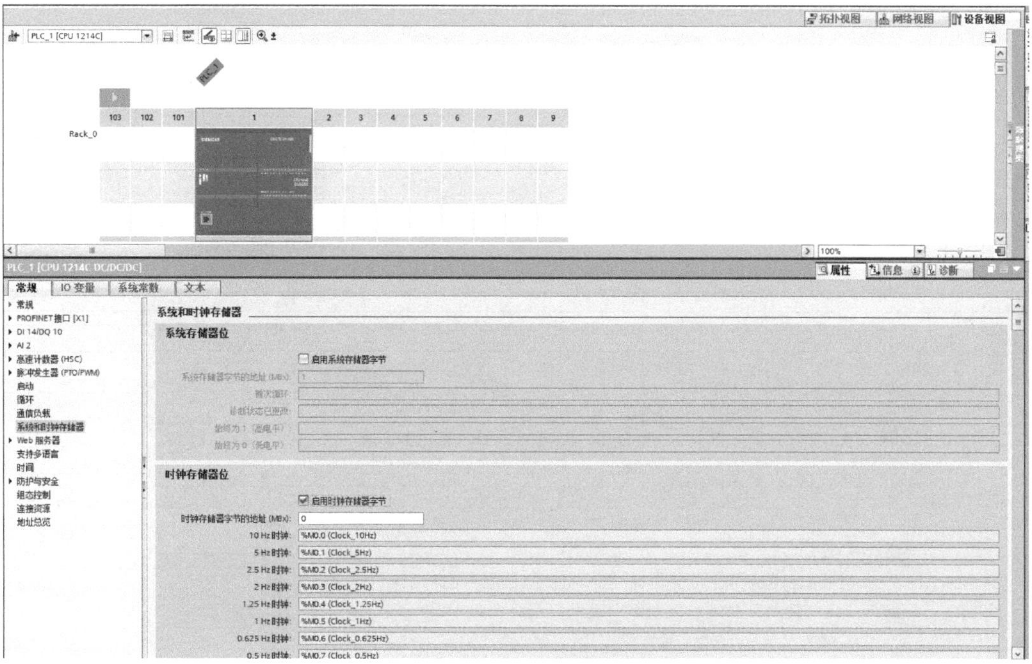

图 8-11　PLC 属性设置

5）在程序块 OB1 中编写程序，使用开放式用户通信指令，如图 8-12 所示。

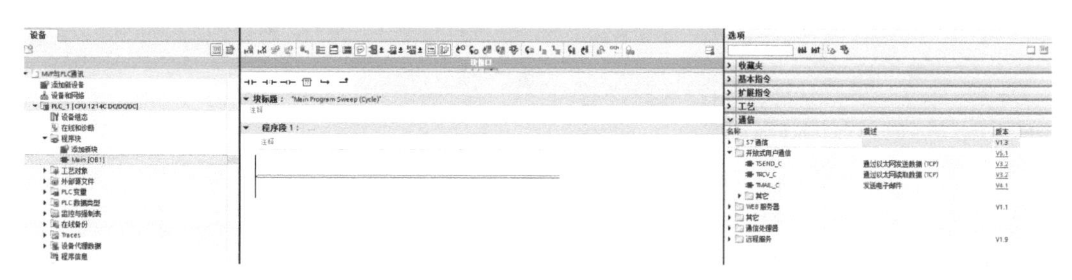

图 8-12　编写程序

6）PLC 通过 TSEND_C 指令向相机发送数据，如图 8-13 所示。

在图 8-13 中，双击 1 处，出现图中设置，在 2 处选择“未指定”，在 3 处填写相机的 IP 地址，在 4 处选择“主动建立连接”，出现图中的设置，在 5 处设置“伙伴端口”和相机一致。

7）对 TSEND_C 指令相应的引脚进行填写，并把标准 DB 块 send 填写到对应的引脚上（属性中去掉优化的块访问），如图 8-14 所示。

8）PLC 通过 TRCV_C 指令接收相机的数据，设置如图 8-15 所示。

9）对 TRCV_C 指令相应的引脚进行填写，并把标准 DB 块 receive 填写到对应的引脚上，如图 8-16 和图 8-17 所示。

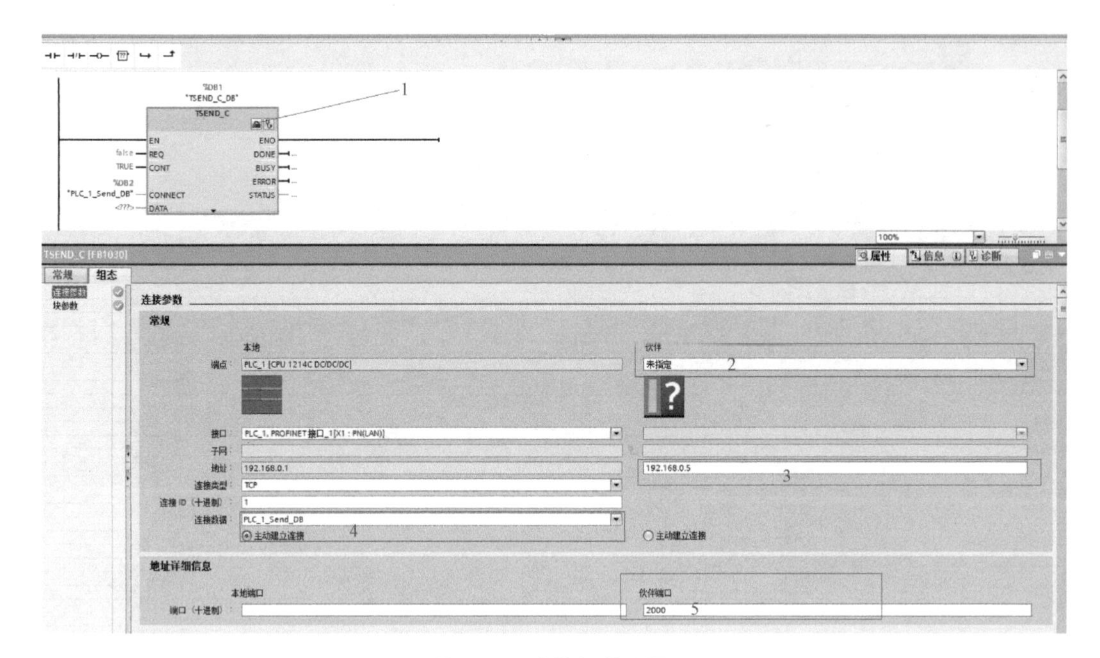

图 8-13　连接相关设置

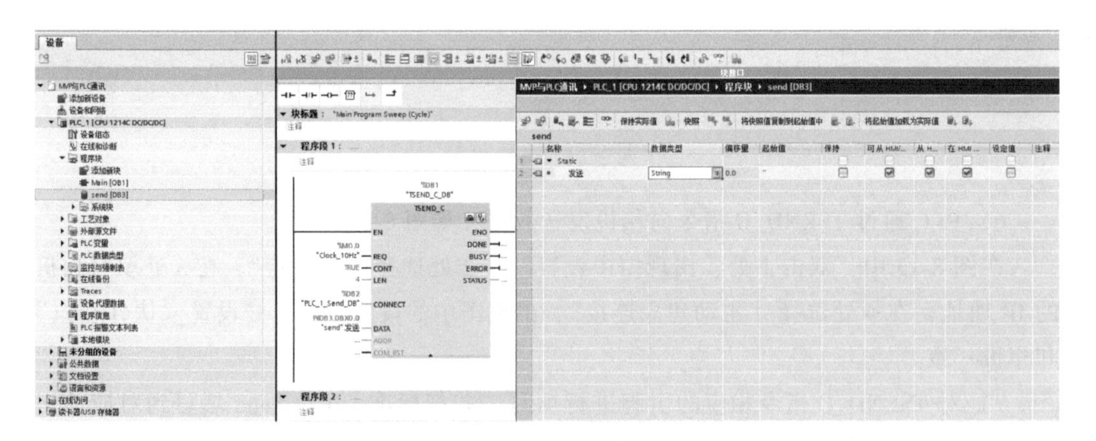

图 8-14　编写 TSEND_C 引脚

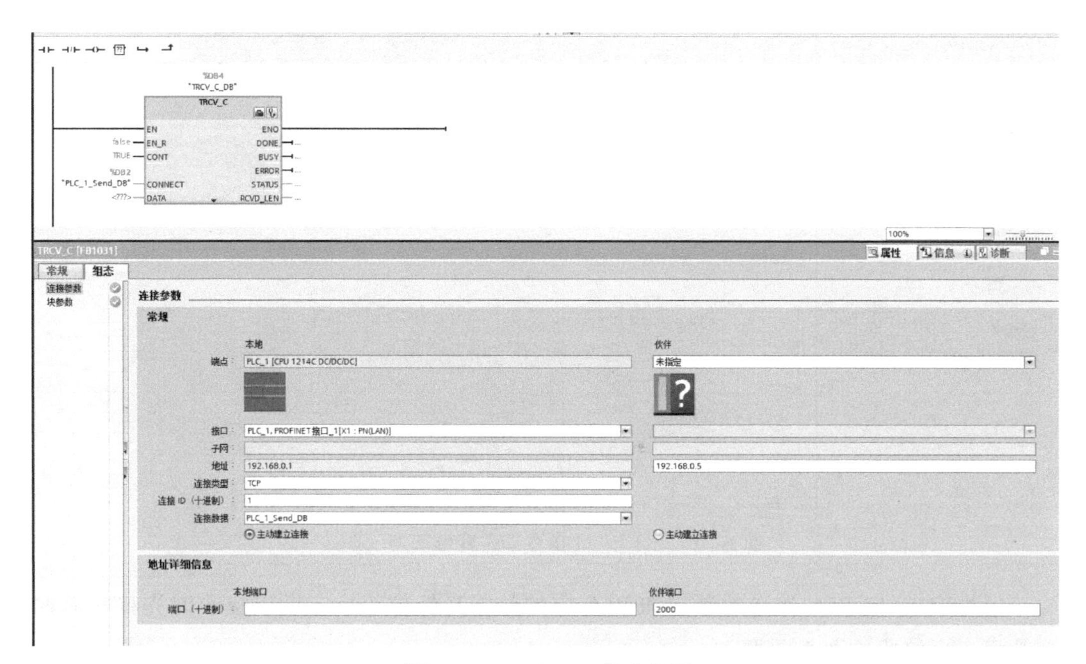

图 8-15　TRCV_C 指令编写

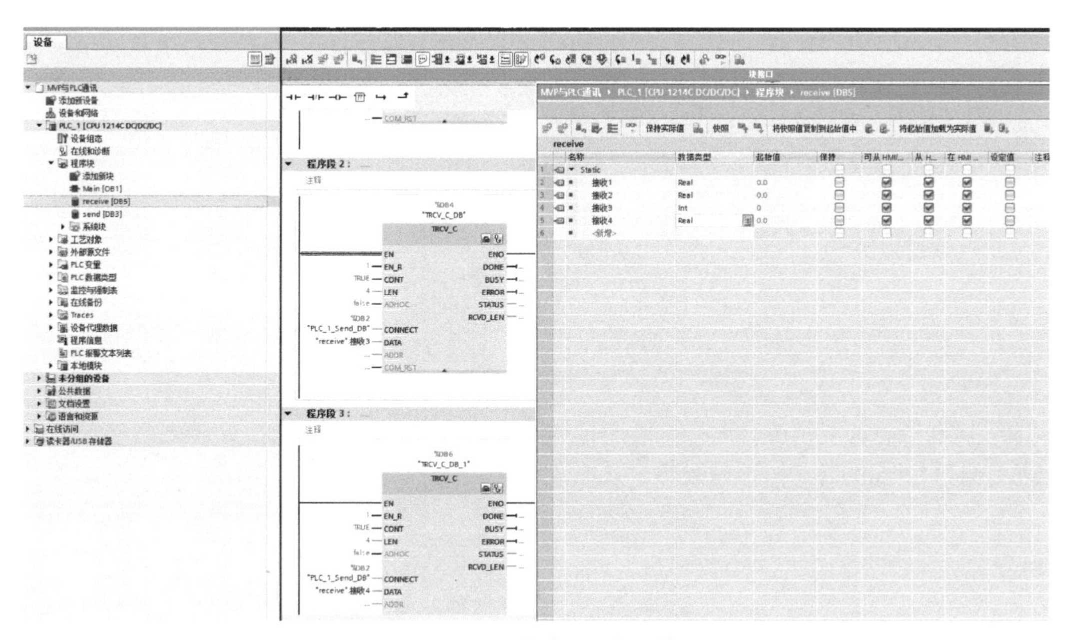

图 8-16　TRCV_C 指令 DB 数据填写（1）

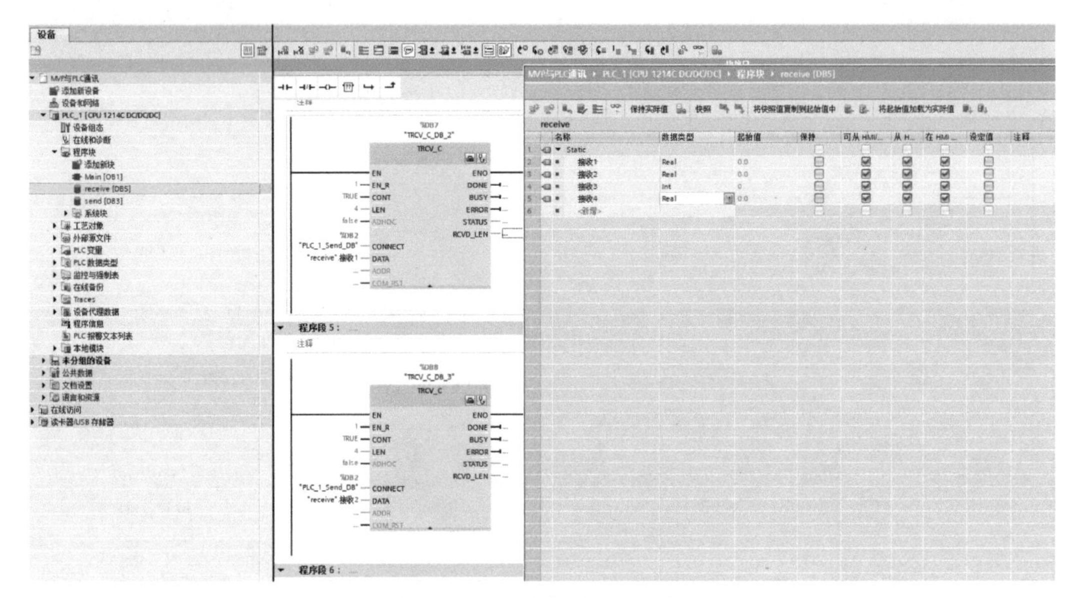

图 8-17　TRCV_C 指令 DB 数据填写（2）

因为 MVP 向 PLC 发送的数据和 PLC 中的数据高低位相反，所以接收时先接收后两个数据，再接收前两个数据。

参考文献

[1] 兰海军，文友先．机器视觉技术的发展和应用 [J]．湖北农机化，2007 (5)：32-34.

[2] 机器视觉时代，最好的时代 [J]．智能机器人，2018 (2)：1.

[3] 陈翠．机器视觉发展历史及现状趋势分析 [J/OL]．(2018-03-16) [2020-09-03]．http：//www.elecfans.com/kongzhijishu/jiqishijue/648616.html.

[4] 陈先昌．基于卷积神经网络的深度学习算法与应用研究 [D]．杭州：浙江工商大学，2014.

[5] GONZALEZ R C，WOODS R E．数字图像处理 [M]．阮秋琦，等译．北京：电子工业出版社，2017.

[6] 巫强．计算机网络中 TCP/IP 传输协议的时效性研究 [J]．电脑知识与技术，2019，15 (1)：57-58.